高等职业教育土建施工类专业系列教材

建筑文物数字化工程实践

JIANZHU WENWU SHUZIHUA GONGCHENG SHIJIAN

主　编　郑　阔　夏广玲　郑会桓*
主　审　赵小平
副主编　郎　博　魏绍军*　武彬皓*
参　编　桂维振　喻　静　刘彦君
　　　　刘俞含　耿中利　陈　炎
　　　　蒋永慧　蔡萌萌*　朱登波*
　　　　（标注*号者为企业专家）

内容简介

本书旨在深入探讨建筑类文物保护史、建筑类文物数字化的重要性，以及国家对建筑类文物和常见附属文物的相关规定；详细介绍建筑类文物的历史背景、保护原则和具体措施，以及数字化技术在建筑类文物中的应用和优势；对不同类型的建筑类文物进行分类介绍，并提供相关的法律和政策依据，帮助读者更好地了解国家对建筑类文物的保护要求。

本书是一本面向工程测量技术专业、无人机测绘技术专业等相关专业开设的专业课教材，适合工程测量技术、导航工程技术、测绘工程技术、地理信息技术、无人机应用技术、无人机测绘技术、建筑工程技术、智能建造技术等相关专业的学生学习，也可以面向全国成人高校学生、社会工程学习者，以及建筑、地理信息科学的爱好者。

本书以建筑类文物数字化工程实践技术为主，共分九章，内容包括：建筑类文物数字化概述；建筑类文物及附属文物；建筑类文物数字化主要技术内容；建筑类文物数字化工程控制测量；建筑类文物摄影测量；建筑类文物三维激光扫描；建筑类文物监测；建筑类文物数字化成果分析应用；建筑类文物其他数字化手段。

图书在版编目(CIP)数据

建筑文物数字化工程实践 / 郑阔,夏广玲,郑会桓主编. --西安：西安交通大学出版社,2025.2
高等职业教育土建施工类专业系列教材
ISBN 978-7-5693-3640-5

Ⅰ.①建… Ⅱ.①郑… ②夏… ③郑… Ⅲ.①数字技术—应用—古建筑—文物保护—中国—高等职业教育—教材 Ⅳ.①TU-87

中国国家版本馆 CIP 数据核字(2024)第 009879 号

书　　名	建筑文物数字化工程实践	
	JIANZHU WENWU SHUZIHUA GONGCHENG SHIJIAN	
主　　编	郑　阔　夏广玲　郑会桓	
主　　审	赵小平	
副 主 编	郎　博　魏绍军　武彬皓	
策划编辑	杨　璠	
责任编辑	来　贤	
责任校对	魏　萍	
封面设计	任加盟	
出版发行	西安交通大学出版社	
	(西安市兴庆南路1号　邮政编码 710048)	
网　　址	http://www.xjtupress.com	
电　　话	(029)82668357　82667874(市场营销中心)	
	(029)82668315(总编办)	
传　　真	(029)82668280	
印　　刷	西安五星印刷有限公司	
开　　本	787 mm×1092 mm　1/16　印张 12.25　字数 257 千字	
版次印次	2025年2月第1版　2025年2月第1次印刷	
书　　号	ISBN 978-7-5693-3640-5	
定　　价	59.90 元	

如发现印装质量问题，请与本社市场营销中心联系。
订购热线：(029)82665248　(029)82667874
投稿热线：(029)82668804
读者信箱：phoe@qq.com

版权所有　侵权必究

前言 CONTENTS

文化遗产承载着中华民族的基因和血脉,是不可再生、不可替代的中华优秀文化资源。在推进文化自信自强、铸就社会主义文化新辉煌的过程中,要让更多文化遗产"活"起来,营造传承中华文明的浓厚社会氛围,我们需要积极推进文化遗产的保护与传承,深度挖掘文化遗产的多重价值,同时传播更多承载中华文化、中国精神的价值符号和文化产品。

在历史长河中,测绘技术在各个时代都有卓越的表现。北魏时期,蒋少游利用出使南齐建康的机会,对南齐宫掖进行了详尽的测绘,并精心绘制了图画以供参考。之后蒋少游亲自前往洛阳,对魏晋时期的宫室遗址进行了实地测绘。宋代的《营造法式》中已有建筑测绘的工具样式图。到了清代,"样式雷"家族在设计工作中广泛应用了测绘技术,他们遵循一套完整的测绘程序,包括绘制草图、标注测量数据、制作仪器草图和最终的正式图等步骤。现代,古建筑测绘已经成为保护和传承古建筑文化的重要手段。20世纪20至40年代,中国营造学社致力于大规模的测绘调查活动,对数百座古建筑进行了详细的测绘。即使在抗战期间,他们依然不畏艰难,坚持在西南地区进行古建筑测绘工作。此外,1920年,沈理源对浙江杭州胡雪岩故居进行了精确的测绘,这些测绘成果后来成为修复这座全国重点文物保护单位的重要依据。古建筑测绘活动不仅推动了古建筑保护工作的发展,更为后续的古建筑研究和文化遗产传承奠定了坚实基础。

我国建筑教育体系秉持了古建筑测绘工作的优良传统,尤其重视对我国古代建筑瑰宝的传承。自1952年院系调整以来,众多高校建筑系纷纷开展古建筑测绘专业实习,将实施勘查与课堂教学紧密结合。通过实习环节,大量珍贵的古代建筑文化遗产得以精确测绘并记录,为建筑教育、建筑史研究以及建筑遗产保护工作作出了巨大贡献。如今,古建筑测绘仍被众多院校视为重要的必修课程,展现出广阔的发展前景。

尽管在现代社会中，直接从古代建筑中学习其形式的价值已有所降低，但是古建筑测绘在提高学生的建筑认识、学习基本技能、弘扬文化自信、提高文化遗产保护意识和传承责任感等方面，具有不可替代的价值。通过对古建筑进行精确测绘，学生们可以更为深入地领悟古代建筑的构造、选材及工艺等方面的知识，从而更全面地理解建筑的本质及其背后的历史背景。这种对建筑全面而深入的认识，不仅有助于提升学生的专业素养，同时也有助于增强其对文化遗产的尊重和保护意识。

除此之外，本书涵盖测量技术手段，如控制测量、摄影测量、三维激光扫描等，并对这些技术在建筑类文物保护中的应用进行了详细阐述。通过这些技术手段，我们可以实现对建筑类文物的精确测量、数据采集和形态分析，为数字化处理提供准确的数据基础。此外，本书介绍了文物监测、成果分析等方面的知识，帮助读者全面了解数字化技术在建筑类文物保护中的应用过程。

本书由北京工业职业技术学院郑阔、夏广玲，北京京投城市管廊投资有限公司郑会桓担任主编；北京工业职业技术学院郎博、青岛市地铁规划设计院有限公司魏绍军、中科量云（北京）科技有限公司武彬皓任副主编；北京工业职业技术学院桂维振、喻静、刘彦君、刘俞含、耿中利、陈炎、蒋永慧，修远文保科技（内蒙古）有限公司蔡萌萌，北京帝测科技股份有限公司朱登波参编。本书由北京工业职业技术学院赵小平教授担任主审，她为书稿提供了宝贵的修改意见。西安交通大学出版社来贤编辑为本书的出版付出了辛勤劳动，在此表示衷心的感谢。

在编写过程中，我们充分参考了相关的工具书和专业资料，参阅了大量的相关书籍，力求使本书内容更加丰富实用，在此对这些参考书籍的编者表示由衷的感谢。然而，由于篇幅限制和编写时间紧迫，部分内容的分析和论述仍有待进一步完善。我们希望读者在使用过程中能够提出宝贵的意见和建议，以便我们在未来的修订中不断改进和完善。

编者
2025 年 1 月

第 1 章 | 建筑类文物数字化概述   1

1.1 建筑类文物保护史 / 2
  1.1.1 古代建筑类文物保护 / 2
  1.1.2 民国时期的建筑类文物保护 / 3
  1.1.3 当代建筑类文物保护 / 5
1.2 中国建筑类文物保护工程的类型 / 7
  1.2.1 保养维护工程 / 7
  1.2.2 抢险加固工程 / 8
  1.2.3 修缮工程 / 9
  1.2.4 保护性设施建设工程 / 10
  1.2.5 迁移工程 / 11
1.3 建筑类文物数字化的意义 / 12
  1.3.1 数字化保护 / 12
  1.3.2 数据支撑 / 13
  1.3.3 数字展示 / 14
  1.3.4 二次开发 / 15

第 2 章 | 建筑类文物及附属文物   18

2.1 文物 / 18
2.2 文物的分类 / 18
  2.2.1 不可移动文物 / 18
  2.2.2 可移动文物 / 19
2.3 保护范围与建设控制地带 / 19
2.4 建筑类文物 / 20
  2.4.1 建筑类文物历史 / 20
  2.4.2 建筑类文物类型 / 29

    2.4.3 建筑类文物基本构成 / 44
  2.5 附属文物 / 52
    2.5.1 塑像 / 52
    2.5.2 石刻 / 53
    2.5.3 壁画 / 53
    2.5.4 彩画 / 54

第 3 章 | 建筑类文物数字化主要技术内容　　56

  3.1 控制测量 / 56
  3.2 摄影测量 / 57
    3.2.1 倾斜摄影测量 / 57
    3.2.2 贴近摄影测量 / 57
    3.2.3 近景摄影测量 / 57
  3.3 三维激光扫描 / 58
    3.3.1 大空间三维激光扫描 / 58
    3.3.2 精细化三维激光扫描 / 59

第 4 章 | 建筑类文物数字化工程控制测量　　60

  4.1 控制测量原理 / 60
  4.2 坐标系 / 60
    4.2.1 平面坐标系 / 60
    4.2.2 高程基准 / 63
    4.2.3 自定义坐标系 / 64
  4.3 控制测量 / 66
    4.3.1 平面控制测量 / 67
    4.3.2 高程控制测量 / 69
  4.4 控制点的布设 / 71
    4.4.1 使用年限 / 71
    4.4.2 调研冻土深度 / 72
    4.4.3 GNSS 选点及埋石 / 72
    4.4.4 GNSS 控制点的标志、标石和造埋规格 / 74
  4.5 控制测量示例 / 78
    4.5.1 五当召庙区控制测量设计 / 78
    4.5.2 大慧寺控制测量设计 / 80

第 5 章 ｜ 建筑类文物摄影测量　　85

    5.1　摄影测量原理　／ 85
    5.2　历史上最早的航拍　／ 86
    5.3　倾斜摄影测量　／ 86
        5.3.1　倾斜摄影测量的特点　／ 86
        5.3.2　前期准备　／ 87
        5.3.3　现场实施　／ 92
        5.3.4　数据处理　／ 101
        5.3.5　模型生成　／ 114
        5.3.6　注意事项　／ 116
    5.4　贴近摄影测量　／ 116
        5.4.1　贴近摄影测量的来源　／ 117
        5.4.2　前期准备　／ 118
        5.4.3　现场实施　／ 120
        5.4.4　数据处理　／ 125
        5.4.5　图件制作　／ 133
    5.5　近景摄影测量　／ 140
        5.5.1　近景摄影测量的来源　／ 140
        5.5.2　前期准备　／ 140
        5.5.3　现场实施　／ 142

第 6 章 ｜ 建筑类文物三维激光扫描　　144

    6.1　三维激光扫描的原理　／ 144
    6.2　前期准备　／ 144
        6.2.1　仪器选择　／ 145
        6.2.2　布站预设　／ 145
        6.2.3　精度校验　／ 146
    6.3　现场实施　／ 147
    6.4　数据处理　／ 148
        6.4.1　点云拼接　／ 148
        6.4.2　点云去噪　／ 152
        6.4.3　封装建模　／ 154
    6.5　线划图制作　／ 155
    6.6　三角网模型的生成　／ 155

第 7 章 | 建筑类文物监测　　156

- 7.1 沉降监测 / 156
  - 7.1.1 沉降监测一般步骤 / 156
  - 7.1.2 水准仪沉降监测 / 158
- 7.2 倾斜监测 / 160
- 7.3 交会监测 / 161
- 7.4 三维激光扫描 / 162
  - 7.4.1 数据对比 / 163
  - 7.4.2 图件分析 / 165

第 8 章 | 建筑类文物数字化成果分析应用　　167

- 8.1 地平分析 / 167
- 8.2 倾斜分析 / 169
- 8.3 承重分析 / 171
- 8.4 展示宣传 / 173
- 8.5 城市规划 / 174

第 9 章 | 建筑类文物其他数字化手段　　176

- 9.1 高光谱技术 / 176
  - 9.1.1 应用场景 / 176
  - 9.1.2 应用内容 / 176
- 9.2 红外热成像技术 / 178
  - 9.2.1 应用场景 / 178
  - 9.2.2 应用内容 / 178
- 9.3 红外紫外照相技术 / 179
  - 9.3.1 应用场景 / 179
  - 9.3.2 应用内容 / 179
- 9.4 材料成分分析技术 / 181
  - 9.4.1 应用场景 / 181
  - 9.4.2 应用内容 / 181
- 9.5 测绘技术在建筑类文物保护中的作用 / 182
  - 9.5.1 作为数据基底 / 182
  - 9.5.2 提供技术服务 / 183

参考文献　　184

第1章

建筑类文物数字化概述

数字化是将信息转换为数字格式（即计算机可读格式）的过程，是指将任何连续变化的输入（如图画的线条）转化为一串分离的单元，在计算机中用0和1表示。通常用模数转换器执行这个转换。

现阶段数字化包括人与人的交互方式数字化、业务流程数字化及物体信息数字化。

将人与人之间的交互方式数字化，包括即时通信、在线会议等软件，通过线上沟通的方式实现了原本需要面对面的交互方式。这些软件利用数字化技术构建了一个虚拟空间，突破了传统场景的限制，成功地将人与人之间的交互方式数字化。

业务流程数字化是实现无纸化办公的关键手段，它通过将预约、申请、报销等环节转移到线上操作（如使用简道云、K2 BPM、Creately等工具），实现了业务办理流程的全面数字化。这一转变不仅简化了办事流程，更构建了一个全新的数字化路径和空间，使得业务流程更加高效、便捷。此外，业务流程的数字化也大大减轻了申请人的负担，减少了所需的时间成本，为各方参与者带来了实质性的益处。

最后一种就是物体信息数字化，主要是通过物联网和传感器采集技术，在三维模型基底上完成对设备的感知及远程控制，甚至包括通过数字化内容反向控制现实物体。物体信息数字化包括国家大力推崇的实景三维中国建设及数字工厂等内容。文化遗产的数字化也是物体信息数字化的一种，文化遗产的数字化包括测绘技术、传感器采集技术及各行业的技术手段，以达成对文化遗产的本体、环境等信息的数字化。

建筑类文物数字化在现代社会中具有重要的意义。它不仅可以帮助我们更好地了解和欣赏传统建筑文化，促进文化遗产的传承和发展，同时也能够为文物保护工作提供更多的手段和支持，保障文物安全，推动文化事业的发展。因此，建筑类文物数字化应该得到越来越多人的关注和重视。

1.1 建筑类文物保护史

1.1.1 古代建筑类文物保护

中国古代早期就已经开始保护宗庙和宫殿等特殊建筑。例如,汉代规定盗掘帝陵者处以弃市之刑;北魏孝明帝在熙平元年(516年)规定"诸有帝王坟陵,四面各五十步勿听耕稼";《唐律疏议》(图1-1)将预谋毁坏宗庙山陵及宫阙的行为以谋逆之罪处以死刑;明朝还颁布了《修志凡例》,规定志书内容应包括寺观、祠庙、桥梁、古迹等多个类别。清朝延续了明朝的保护历代陵寝的做法,并多次下诏要求各省修志,其中包括设有山水寺庙及园林胜迹的专志,为后世保存了大量珍贵的古建筑资料。此外,当时民间的庙宇、佛塔、学宫、桥梁等多由地方官绅发起募捐来筹集资金进行维修。这些活动延长了文物古迹的历史生命,对其的保护也起到了非常重要的作用。

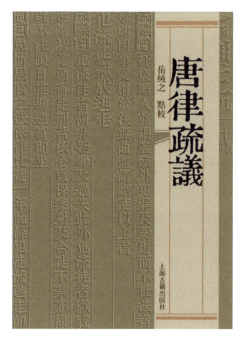

图1-1 图书《唐律疏议》(上海古籍出版社)

19世纪中叶,中国沦为半殖民地半封建社会,中华民族面临帝国主义列强的军事侵略和经济掠夺,文化遗产更是广遭劫掠和破坏。

近代中国面临着严峻的局面,但也涌现出一批有识之士开始关注社会问题。随着西方文化的渗透,中国对于文物保护的意识也逐渐觉醒,在吸取西方经验的同时,形成了一系列具有本土特色的文物保护理念和法规。

清光绪三十二年(1906年),清政府民政部制定了《保存古迹推广办法章程》,要求各省实施。同时,在清光绪三十四年(1908年)颁布的《城镇乡地方自治章程》中,也包含了与"保护古迹"相关的条款。然而,由于当时清朝国势衰弱,政局不稳,这些法律几乎没有得到有效执行。

1.1.2 民国时期的建筑类文物保护

1912年,北洋政府发布了《保护皇室宗庙陵寝令》,对清朝宗庙陵寝进行保护。随后,1916年,北洋政府内务部颁布了《为切实保存前代古物古迹致各省民政训令》和《保存古物暂行办法》。在"古物"分类中,包括了历代帝王陵寝和先贤坟墓、城廓关塞、壁垒岩洞、楼观祠宇、台榭亭塔、堤堰桥梁、湖池井泉等不可移动文物。1921年,北洋政府公布了《修正管理寺庙条例令》和《著名寺庙特别保护通则》,对宗教建筑进行了管理和约束。1928年,南京国民政府内务部公布施行了《名胜古迹古物保存条例》,"名胜古迹"分类中包含了"建筑类",规定"古代陵寝坟墓应于附近种植树株,环绕周廓或建立标志,禁止樵牧,其他有关名胜之遗迹及古代建筑,应商同地方团体赞资随时修葺,其有足资历史考证或渐就湮灭遗迹仅存者,宜树碑记以备查考。"1931年,《中华民国训政时期约法》第五十八条明确提出"有关历史文化及艺术之古迹古物,国家应该加以保护或保存。"这一时期的文物古迹已经接近于今天的不可移动文物概念,立法理念相对先进。

1930年,朱启钤先生在北平成立了"中国营造学社",聘请建筑学家梁思成、刘敦桢担任专业部门主任,主要研究工作为开展古建筑田野调查测绘。十余年间,工作组足迹遍及220余县,共调查、测绘、摄影2000余处古建筑,并撰写调查报告。1931年至1937年,完成了1898张测绘图稿,整理校勘了《工段营造录》《梓人遗制》《园冶》等古籍,发表了《元大都宫苑图考》《营造算例》《清式营造则例》《哲匠录》《牌楼算例》《歧阳世家文物考述》《明代建筑大事年表》等专著,出版了《建筑设计参考图集》11辑。古建筑的调查报告大都发表在《中国营造学社汇刊》上,共23期(册),时间跨度从1930年至1946年。中国营造学社的学术实践奠定了中国建筑学和中国建筑历史学的基础,为学科研究积累了大量第一手珍贵资料。学社成员成为中国建筑学和中国建筑历史学的开拓者和中坚力量。图1-2为中国营造学社合照。

图 1-2　中国营造学社合照

（资料来源：北京卫视《上新了故宫》）

新民主主义革命后期，在物资匮乏和战争环境下，中国共产党在制定文物保护政策法规、设置文物保护机构和抢救保护文物等方面作出了积极探索和努力。

1939 年 3 月 8 日，中共中央宣传部发出了《关于保存历史文献及古迹古物的通告》，指出："一切历史文献以及各种古迹古物，为我民族文化之遗产，并为研究我民族各方面历史之重大材料，此后各地方各学校各机关和一切人民团体，对于上述种类亟宜珍护。"这是目前已知的中共中央关于保护古代文物的最早文献。

1939 年 11 月 23 日，陕甘宁边区政府发布了《陕甘宁边区政府给各分区行政专员各县县长的训令——为调查古物、文献及古迹事》。这份《训令》规定了文物调查的指导思想、重要意义、具体方法及奖励措施，具有较强的科学性和系统性，是边区第一次进行比较全面的文物普查。

1947 年 7 月至 9 月，中共中央在河北平山县西柏坡研究制定的《中国土地法大纲》第九条有"名胜古迹，应妥为保护"的条款，促成新老解放区在土地改革中抢救保护了一批珍贵文物。

1948 年 11 月 13 日，华北人民政府发布了《关于文物古迹征集管理问题的规定》，该《规定》的特殊意义体现在三个方面：第一，"文物"一词作为一个具有特定内涵和外延的专业概念已趋成熟。第二，《规定》第五条指出："凡各地名胜古迹……不能移动及不便移动者，可留原地保管。"这是"不可移动文物"和"原址保护"的早期表达。第三，提出了"保护中华民族文化的历史遗产"的思想。

1949 年 1 月 16 日，毛泽东同志在中央军委给平津战役总前委负责人的电报中指出："此次攻城，必须做出精密计划，力求避免破坏故宫、大学及其他著名而有重大价值的文化古迹。"为贯彻落实上述指示,中国人民解放军请梁思成先生在军用地图上标注出北平城内重要文物古迹的位置坐标,以避免在和平解放努力失败后攻城时误伤。

这一时期中国共产党的文物保护政策有两个显著特点:第一,虽然带有"区域性"的性质,但制定政策的着眼点具有全局性和前瞻性;第二,文物保护政策总是和党所面临的实际工作和具体的斗争目标联系在一起,具有很强的现实针对性。

1.1.3 当代建筑类文物保护

1950年5月,中央人民政府政务院宣布实施《禁止珍贵文物图书出口暂行办法》和《古文化遗址及古墓葬之调查、发掘暂行办法》。这两项政务院令包括四个重要内容:一是明确了古建筑是文物的一个类别;二是正式提出了"民族文化遗产"的概念:"查我国所有名胜古迹,及藏于地下,流散各处的有关革命、历史、艺术的一切文物图书,皆为我民族文化遗产";三是明确规定政府的保护职责:"各地原有或偶然发现的一切具有革命、历史、艺术价值之建筑、文物、图书等,应由各该地方人民政府文教部门及公安机关妥为保护,严禁破坏、损毁及散佚";四是提出了文物具有革命、历史、艺术和文化价值的概念。这些思想构成了中国文化遗产保护的基础。

1950年7月,《中央人民政府政务院关于保护古文物建筑的指示》发布,提出:"凡全国各地具有历史价值及有关革命史实的文物建筑,如革命遗址及古城廓、宫阙、关塞、堡垒、陵墓、楼台、书院、庙宇、园林、废墟、住宅、碑塔、雕塑、石刻等以及上述各建筑物内之原有附属物,均应加意保护,严禁毁坏。""不得不暂时利用者,应尽量保持旧观。"1951年7月,中央人民政府政务院再次重申"具有历史文物价值之寺庙"要妥加保护。这些法令对新中国成立初期特别是在"土地改革"中保护古代建筑及其他文物发挥了重要作用。

1953年国民经济第一个五年计划开始实施,我国基本建设、农村建设如火如荼地全面展开,同年10月,中央人民政府政务院发布了《关于在基本建设工程中保护历史及革命文物的指示》;1956年,国务院颁布了《关于在农业生产建设中保护文物的通知》,《指示》《通知》当中,表述了"重点保护、重点发掘,既对文物保护有利,又对基本建设有利"的"两重两利"方针和"既不影响生产建设、又使文物得到保护"的原则。据统计,在本阶段,我国文物保护领域共颁布法规、规章和规范性文件近70项。这些文件内容丰富、针对性强,初步确立了中国特色文物保护的基本制度。

1960年11月,国务院通过了《文物保护管理暂行条例》,于1961年3月4日颁布实施,其中:规定了在中华人民共和国境内一切文物由国家保护;规定了文物的定义;规定了建立国家、省级和县市三级文物保护单位的制度;规定了对文物保护单位实行"四有"管理制度;规定了文物修缮及使用文物"不改变原状"的原则。《文物保护管理暂行条例》吸收了中华人民共和国成立以来文物保护法制化工作的成果，确定了基本保护原则，初步形成了具有中国特色的文物保护制度，对当代中国文物保护具有里程碑的意义。

在颁布实施《文物保护管理暂行条例》的同时，还公布了"第一批全国重点文物保护单位"180处，包括革命遗址及革命纪念建筑物33处、古建筑和历史纪念建筑物77处、石窟寺14处、石刻及其他11处、古遗址26处、古墓葬19处。

1982年11月19日，《中华人民共和国文物保护法》公布实施，文物保护由行政法规上升为法律，由国家立法机构制定颁布，以后逐渐形成了一个较完整的法律体系。相较于《文物保护管理暂行条例》，《中华人民共和国文物保护法》规定文物保护工作的主管单位是国家文化行政管理部门，主体责任更为明确、落实；在文物保护单位的"四有"中增加了划定"建设控制地带"的要求；确立了保护"历史文化名城"的制度；将文物保护单位维修保护的原则核定为"不改变文物原状"。

1986年7月12日，文化部颁布了《纪念建筑、古建筑、石窟寺等修缮工程管理办法》。较之1963年的《纪念建筑、古建筑、石窟寺等修缮工程管理暂行办法》，文物分类将"革命纪念建筑""历史纪念建筑"合称"纪念建筑"；详细描述了"不改变原状"的内涵；修缮工程的分类调整为五类，新增加了局部复原和保护性建筑物与构筑物工程；新增加了修缮工程的管理审批程序要求；新增加了设计与施工资质的审查要求；对设计和施工文件要求进一步细化。《纪念建筑、古建筑、石窟寺等修缮工程管理办法》为古建筑保护维修工程由计划经济体制下的"行政化"向市场经济体制下的"社会化"转变奠定了法律基础。

1987年11月，国务院发出了《关于进一步加强文物工作的通知》，提出当前文物工作的任务和方针是"加强保护、改善管理、搞好改革、充分发挥文物的作用，继承和发扬民族优秀的文化传统，为社会主义服务，为人民服务，为建设具有中国特色的社会主义作出贡献。"

1992年5月，国务院在西安召开全国文物工作会议，提出了"保护为主、抢救第一"的新时期文物工作方针；1995年9月，全国文物工作会议再次在西安召开，会议充分论述了"利用必须以保护为前提"，在"保护为主、抢救第一"方针的基础上，进一步提出"有效保护，合理利用，加强管理"作为文物保护工作的原则；2002年《中华人民共和国文物保护法》修订，将方针和原则凝练为"保护为主、抢救第一、合理利用、加强管理"，作为文物保护工作方针固定在法条中。

从1997年开始，国际古迹遗址理事会中国国家委员会（ICOMOS China）组织专家，起草制定了《中国文物古迹保护准则》。《中国文物古迹保护准则》采取中外专家合作的方式，邀请美国盖蒂保护所和澳大利亚文化遗产委员会的专家共同考察、讨论和编写。国家文物局组建了由建筑、考古、规划、博物馆、文物保护、科技管理等方面的30位专家组成的顾问组，对初稿进行讨论,并于 2000 年印发颁行,由国家文物局向社会推荐。

1.2 中国建筑类文物保护工程的类型

《文物保护工程管理办法》(2003 年)第五条规定文物保护工程分为以下五类。

1.2.1 保养维护工程

保养维护工程是指针对文物的轻微损害所作的日常性、季节性的养护。

建筑类文物具有重要的历史文化价值和艺术价值,是人们了解历史、传承文化的重要载体。保养维护工程的目的是保护建筑类文物,延长其使用寿命,保持其原有历史特色和文化价值,同时也是为了让更多人了解、认识并喜爱这些文化遗产。

建筑类文物保养维护工程包括建筑物外墙、屋面、木构件、石料、彩画、壁画、雕塑等方面的维护。在进行保养维护工程时,需要先进行调查和评估,制订出相应的保养维护计划,并进行必要的修复和保养。同时,在进行文物保养维护工程时,需要注意保护现场,避免对文物造成二次破坏。对建筑类文物进行保养维护工程,有利于保护文化遗产,传承历史文化,同时也为人们提供了更好的旅游景点和文化体验。

以下是建筑类文物保养维护工程的具体内容。

1. 表面清洗

使用特定的清洁剂和工具对建筑表面进行清洗,去除污渍、灰尘等。

2. 裂缝处理

对于出现裂缝的建筑,需要进行加固处理,以防止裂缝扩大。

3. 湿度控制

建筑材料(如木材、石材等)容易受潮,在高湿度环境下容易发霉、腐朽。因此,需要在建筑内安装湿度调节设备,并采取其他措施(如保持通风良好、防潮等),从而控制湿度。

4. 灭火设施

为了预防火灾,需要在建筑内设置灭火设施。

5. 修缮砖石

对于古建筑的砖石构件,需要进行定期检查和维修,避免松散或脱落。

6. 维护屋顶

古建筑的屋顶通常由木结构和瓦片组成,需要进行定期检查和维修,防止漏水和瓦片脱落。

7. 防盗设施

为了防止盗窃和破坏,需要在建筑内安装监控设备和警报系统。

8. 灰泥修复

对于古建筑的灰泥表面,需要进行定期检查和修复,保持其完整性。

9. 窗户维护

古建筑的窗户通常由木材制成,需要进行定期检查和修复,防止破损、漏风。

10. 基础加固

对于基础不牢固的建筑,需要进行加固处理,保证其结构稳定。

例如故宫博物院的保养维护工程,包括定期的表面清洗、裂缝处理、湿度控制、灭火设施、修缮砖石、维护屋顶、防盗设施等。

1.2.2 抢险加固工程

抢险加固工程是指文物突发严重危险时,由于时间、技术、经费等条件的限制,不能进行彻底修缮而对文物采取具有可逆性的临时抢险加固措施的工程。

建筑类文物是人类文化遗产的重要组成部分,具有不可替代的历史、文化、艺术价值。但由于历史原因、自然灾害、人为破坏等因素,建筑类文物往往处于危险之中,需要对其进行紧急修缮和加固的工作,确保其安全稳定,避免进一步损坏和倒塌。

建筑类文物抢险加固工程的具体内容包括但不限于加固建筑物的基础、墙体、梁柱、屋面等部分,修复建筑物表面的破损、裂缝、松动等,以及进行建筑物的局部或整体重建。同时,在抢险加固工程中,需要考虑文物保护、历史风貌、文物的原始特征等因素,以保证文物的真实性和完整性。

实施建筑类文物抢险加固工程需遵循以下步骤:首先,对建筑类文物进行安全评估,明确其抗震等级和安全状况,以便制定相应的抢险加固方案。其次,根据建筑类文物的特性和安全评估结果,设计相应的加固方案,并确保设计方案能够保护文物原貌和历史风貌,尽可能减少对文物造成的损害。接着,选择合适的加固材料、设备和施工工艺,确保加固工程的质量与效果。最后,在施工过程中,对建筑文物进行实时监测,以确保加固效果符合设计要求,并在加固工程完成后进行验收,确认达到预期效果。此外,在施工过程中采取有效措施保护文物本体及周边环境,防止因施工造成二次损害。

例如长城的抢险加固工程,包括修补被风化裂开的墙壁、加固砖石、土坯结构等。图1-3为北京八达岭长城。

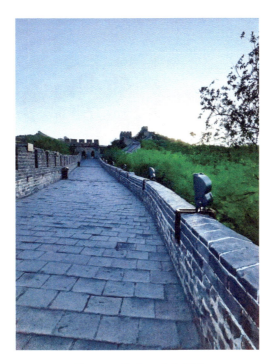

图 1-3　北京八达岭长城

1.2.3　修缮工程

修缮工程是指为保护文物本体所必需的结构加固处理和维修,包括结合结构加固而进行的局部复原工程。

在进行建筑类文物修缮工程时,需要先进行全面的调查和评估,确定建筑物的损坏程度和修缮方案。修缮工程的具体内容包括但不限于修复或重建建筑物的木构件、石料、彩画、壁画、雕塑等部分,修复建筑物表面的破损、裂缝、松动等,以及进行建筑物的局部或整体重建。

建筑类文物的修缮工程是一个综合性的任务,包括对建筑进行详细的调查、制定合适的修缮方案、选择适当的修缮材料和技术、进行修缮施工过程中的监测和验收,以及采取保护措施防止二次损害。这些步骤都需要严格遵循文物保护的相关法律法规和标准规范,确保文物的安全性和完整性。

例如北京颐和园的修缮工程,包括石雕修复、木构件更换、水系整治等。图 1-4 为北京颐和园谐趣园。

图1-4 北京颐和园谐趣园

（资料来源：北京兴中兴建筑设计有限公司）

1.2.4 保护性设施建设工程

保护性设施建设工程是指为保护文物而附加安全防护设施的工程。

建筑类文物保护性设施建设工程包括灾害预警系统、安全防护设施、环境控制系统等。在进行建筑类文物保护性设施建设工程时，需要根据文物的特点和所处环境的情况，设计相应的设施和设备。例如：在地震多发地区的建筑类文物中，需要建造抗震设施和防护设备，以防止地震对文物造成破坏；在高温多湿的地区，需要建造环境控制系统，控制文物周围的温度和湿度，以避免文物受潮和腐蚀。

以下是建筑类文物保护性设施建设工程的具体内容。

1. 防护罩

对于一些脆弱或易受损的建筑类文物，需要安装防护罩来保护其不受外界环境的影响。防护罩可以采用透明材料，保证游客仍然能够欣赏到建筑类文物的外观和内部结构。

2. 景观灯光

通过合理的景观灯光设计和布局，使得建筑类文物在夜间也能呈现出美丽的风景线，同时也起到保护作用。较为常见的景观灯光包括照明、投影、彩灯等。同时要遵守环境保护和文物保护的原则。

3. 监测系统

通过安装监测系统来实时监测建筑类文物的状态和环境参数，及时发现问题并采取措施，可以减少建筑类文物的损伤和避免不必要的人为干扰。监测系统包括温湿度、震动、火灾、安防等多个方面。

4. 维护保养

保护性设施建设工程完成后,需要定期进行维护和保养,以确保其长时间有效地发挥作用。维护保养包括设施清洁、检修、更新升级等内容。

例如河南洛阳龙门石窟的保护性设施建设,包括照明系统、防尘罩、温湿度监测等。

1.2.5 迁移工程

迁移工程是指因保护工作特别需要,并无其他更为有效的手段时所采取的将文物整体或局部搬迁、异地保护的工程。

建筑类文物迁移工程是一项技术性和文化性很强的工程活动,其主要目的是保护具有极高历史、文化、艺术价值的文物,以及适应当地城市规划和发展需要。在现代城市建设中,许多建筑类文物面临着被拆除或者改建的命运,因此建筑类文物迁移工程应运而生。但是,实施建筑类文物迁移工程需要经过严格的前期准备工作,包括文物调查、设计方案、施工方案等。其中,文物调查是建筑类文物迁移工程的重要前提,它涉及文物的历史、文化、艺术价值,建筑结构、材料等方面的综合评估,为后续工作提供了基础数据和依据。设计方案是建筑类文物迁移工程的核心,它需要考虑到文物的材料、结构、规模、重量等方面的因素,根据文物的特点和迁移的要求,确定适当的迁移方案。在建筑类文物迁移工程的实施过程中,需要采取一系列的文物保护措施,例如文物固定、支撑、包装、运输等,以保证文物在迁移过程中不受损坏。建筑类文物迁移工程不仅可以保护文物,延长文物的使用寿命,同时也可以提高人们对历史文化的认识和意识。

以下是建筑类文物迁移工程的具体内容。

1. 策划与方案设计

制订合理的迁移方案和施工图纸,通过前期勘测、分析和论证等方式,确定最优的迁移方案,并编制详细的施工计划。

2. 测量和拆解

利用测量设备对建筑类文物进行精确测量,然后对其进行分段拆解。在拆解过程中,需要采用特殊的工艺和手法,确保其不受损坏。

3. 运输和安装

将建筑类文物分段运输至新址,并按照施工图纸进行重新安装。在运输和安装过程中,需要采用专业的起重设备和运输车辆,配备专业人员进行操作,以确保工程的安全性和准确性。

4. 环境调整

在建筑类文物迁移完成后,需要对新址环境进行调整和治理,以营造出适宜其生存和发展的环境。

5. 检验和评估

对于迁移后的建筑类文物,需要进行检验和评估,以确保其完好无损,并满足相关标准和要求。

6. 后续维护

对于迁移后的建筑类文物,还需要进行后续的维护和管理工作,包括保养、监测等,以确保其长期安全和可持续发展。

例如20世纪60年代,因三门峡水库兴建而迁离原址20 km的山西运城永乐宫建筑群,堪称"以原貌整体搬迁文物的奇迹"。永乐宫有着中国现存最大面积的寺庙壁画,整体超过1000 m^2,最终,经过设计、临摹、加固、切割(全部壁画被分割为341块)、壁画层与墙体分离、铺路运输、重建填修等一系列工程后,永乐宫的迁移结果得到了国际上的认可。2005年,联合国教科文组织世界遗产中心派遣了一位遗产保护专家来到永乐宫,经鉴定,认为永乐宫的迁移方案严谨、迁移工程技艺高超,最大程度地保存了文物的完整性和真实性,作为特例申报了世界文化遗产。

1.3 建筑类文物数字化的意义

建筑类文物是人类文明的重要遗产,但受到自然环境、人类活动、社会发展等因素的破坏。为了保护这些宝贵的文化遗产,建筑类文物数字化保护显得尤为重要。数字化技术可以对建筑类文物进行三维模型重建、数字修缮等操作,全方位保护建筑类文物,并实现数字记录和管理、数字展示和传播。数字化保护可以更好地掌握建筑类文物的信息,增加管理效率,同时也可以推广建筑类文物的知名度,促进文化遗产的传承和发展。建筑类文物数字化保护对于保护建筑类文物的历史、文化和艺术价值,推动文化遗产的传承和发展具有重要的意义和价值,并且随着数字技术的发展,建筑类文物数字化保护也将更加完善和深入。

数字化保护可以让我们更好地管理建筑类文物。通过数字技术,可以对建筑类文物进行数字记录和管理,包括文物的基本信息、现状记录、修缮记录、文物移交记录等,进一步加强文物管理工作,确保文物的安全性和稳定性。此外,数字化保护还可以提高文物保护的效率和成本效益,减少人力和物力资源的浪费。建筑类文物数字化保护是对文化遗产的全方位保护,将为我们呈现出更多美妙、宝贵的文化遗产,并推动文化遗产的传承和发展。

1.3.1 数字化保护

数字化保护主要包括数字化信息留存、数字化还原、数字化安全等内容。

数字化信息留存是将建筑类文物信息进行数字化保存，以防止文物遭受灾害或人为破坏。数字化信息可以通过摄影测量、三维扫描等测绘方式实现，将文物的图像、文字、声音等信息保存在计算机或云存储中。这种备份可以避免建筑类文物内附属文物被盗、丢失或建筑类文物遭受灾害时数据无从寻找，也为文物修复、保护工作提供了重要的参考资料。数字化信息留存记录了当前时序下建筑类文物的现状信息，可以使文物得到更好的保护和管理，同时也为后代留下珍贵的历史资料。

数字化还原是指通过数字化技术手段对建筑类文物进行还原，也就是现阶段经常提起的"虚拟复原"。通过查找文物历史档案、建筑做法、历史影像、相关文献、建筑内题记、修缮碑刻，以及相关人员实地访问等方法获取建筑类文物数字化还原相关资料，完成对建筑初建、修缮、增建等重要时间节点建筑形式的状态复原。数字化还原可以通过虚拟现实、增强现实、三维建模等技术手段提高文物的可视化和传播效果，使观众可以感受到文物的真实感和历史感。数字化还原可以为文物的传承和利用提供重要的信息和参考，同时也可以提高观众对文物的认知和理解。

数字化安全是通过数字化技术对建筑类文物进行保护，避免文物被盗、丢失或破坏。数字化安全利用无人机技术、视频监控、传感器监测、数据加密等技术手段实现对文物的实时监控和保护。数字化安全可以提高文物的保护水平和安全性，避免文物遭受人为破坏或盗窃。数字化安全还可以提高响应速度和管理效率，在文物发生安全问题时迅速采取有效措施。

数字化保护是建筑类文物数字化中不可或缺的一环，它可以实现对文物的全方位保护和传承，提高文物的可视化和传播效果，同时也可以为文物的修缮提供重要的参考资料。

1.3.2 数据支撑

建筑类文物数字化是将建筑类文物信息进行数字化处理，以实现对其的保护、传承和利用。提供数据支撑是建筑类文物数字化的目的和意义，包括数据采集、存储、管理、分析等方面。建筑类文物数字化成果在地质勘察、文物保护、修缮工程、教育宣传、研究开发、旅游开发、文物交流与合作等多个方面都具有广泛应用价值。同时在文物保护意识普及、修缮计划制订、旅游体验提高、国际文物合作推进、文化遗产传播促进等方面发挥着重要作用。因此，数据支撑是建筑类文物保护和传承的不可或缺的一环，有效的数字化处理能够为各个领域提供良好的数据基础，推动建筑类文物保护事业的发展和进步。

1. 地质勘察

通过数字化处理，可以获得建筑类文物的三维模型和平面图，进而进行倾斜度分析、平整度分析、高程变化分析等,以了解文物的状况并制订针对性的地质勘察措施。

2. 文物保护

通过数字化处理,可以获得建筑类文物的精确测量数据、构造方式、材料信息等几何结构信息及表面纹理信息,以实现对文物的全方位保护。此外,数字化成果还能为文物保护提供可视化和传播效果,促进文物保护意识的普及。

3. 修缮工程

通过数字化处理,可以获得建筑类文物的历史发展过程、损坏情况、修缮记录等,以制订合理的修缮计划和措施。此外,数字化成果还能为修缮工程提供可视化效果和修缮前后对比分析等,提高修缮工作的质量和效率。

4. 教育宣传

通过数字化处理,可以获得建筑类文物的三维模型、图像、声音、视频等多媒体信息,以制作文物介绍材料、科普展板等,向公众提供虚拟现实(VR)和增强现实(AR)体验,从而提高公众的历史文化素养和文物保护意识。

5. 研究开发

通过数字化处理,可以获得建筑类文物的精确测量数据、构造方式、材料信息等,以进行模拟仿真、虚拟现实、数字重建等研究开发工作。此外,数字化成果还能为研究开发提供可靠的数据基础,推动文物保护领域的技术创新和产业发展。

6. 文物交流与合作

通过数字化处理,不仅可以实现文物信息的全方位共享和交流,而且可以促进跨学科、跨地域的交流与合作。数字化成果还能为国际文物保护和合作提供可靠的数据基础,推动文化遗产在全球范围内的传播和保护,促进人类文明的发展和进步。

1.3.3 数字展示

数字展示是建筑类文物数字化的重要环节,它是指通过各种数字技术手段对建筑类文物的信息进行展示,以实现对建筑类文物的保护、传承和利用。数字展示的内容主要包括以下几个方面。

1. 三维(3D)展示

三维展示包括建筑物内部、外部的 3D 展示等。图 1-5 为辽宁义县奉国寺 3D 展示图。

图 1-5　辽宁义县奉国寺 3D 展示

2. 虚拟现实(VR)展示

虚拟现实展示包括建筑物的虚拟漫游展示(图 1-6)等。

图 1-6　建筑物的虚拟漫游展示

3. 交互式展示

交互式展示包括建筑物的交互式展示、多媒体展示等。

1.3.4　二次开发

数字化成果的二次开发可以应用于多个领域,包括文创产品、文物游戏、虚拟博物馆、数字藏品等。此外,数字化成果还可被应用于数字文物展览、建筑文物研究、文物鉴赏与评估、教育培训等领域。

通过数字化处理,建筑类文物可以制作出三维模型、图像、视频等多种表现形式,以便更好地进行文物保护、文化传承和价值转化。例如:数字化成果可以为文创产品和电子游戏提供素材,推动文化遗产在市场上的转化;数字化成果还可以为数字文物展览、虚拟博物馆、教育培训等提供支持,丰富用户的文化体验。

1. 文创产品

建筑类文物数字化成果的三维模型、图像、视频等可以作为设计师的重要参考,开发出具有文化内涵的文创产品。例如可以制作以建筑类文物为主题的手办、文房四宝、茶具等工艺品,将文化遗产与现代生活相结合,提高其文化价值和市场价值。图1-7为四川成都观音寺文创产品。

图1-7 四川成都观音寺文创产品

2. 电子游戏

建筑类文物数字化成果可以作为电子游戏的重要素材,开发出具有历史、文化等元素的游戏。例如游戏《王者荣耀》中利用敦煌石窟研究院的数字化成果推出了"杨玉环-遇见飞天"、"瑶-遇见神鹿"(图1-8)等敦煌系列主题皮肤。

图1-8 《王者荣耀》"瑶-遇见神鹿"敦煌系列主题皮肤

3.虚拟博物馆

建筑类文物数字化成果可以为虚拟博物馆提供重要的支撑数据,实现数字化展览和远程参观。例如中国数字博物馆网站就搜集并展示了大量的建筑类文物数字化成果,让用户可以通过网络看遍国宝级文物。图1-9为北京石刻艺术博物馆虚拟馆。

图1-9 北京石刻艺术博物馆虚拟馆

4.数字藏品

建筑类文物数字化成果可以作为数字藏品进行收藏和展示。通过数字化处理,可以实现对文物的高保真复制和多媒体呈现,不仅能够保存文物的原貌,还能够扩大文物传播的范围。例如利用3D打印技术,可以快速制作出高度还原的文物模型,方便携带、收藏和欣赏。图1-10为百度网盘数字藏品《平步青云》。

图1-10 百度网盘数字藏品《平步青云》

第 2 章

建筑类文物及附属文物

2.1 文物

文物是人类在历史发展过程中遗留下来的具有价值的遗物、遗迹的总称。它们从不同侧面反映了各个历史时期人类的社会活动、社会关系、意识形态以及利用和改造自然的状况,是人类宝贵的历史财富。文物对于人们认识历史和创造力量、揭示人类社会发展规律、认识并促进当代和未来社会发展具有重要意义。

《中华人民共和国文物保护法》(2017年修正本)第二条明确了文物的概念,具体内容如下。

在中华人民共和国境内,下列文物受国家保护:

(1) 具有历史、艺术、科学价值的古文化遗址、古墓葬、古建筑、石窟寺和石刻、壁画。

(2) 与重大历史事件、革命运动或者著名人物有关的以及具有重要纪念意义、教育意义或者史料价值的近代现代重要史迹、实物、代表性建筑。

(3) 历史上各时代珍贵的艺术品、工艺美术品。

(4) 历史上各时代重要的文献资料以及具有历史、艺术、科学价值的手稿和图书资料等。

(5) 反映历史上各时代、各民族社会制度、社会生产、社会生活的代表性实物。

文物认定的标准和办法由国家文物行政部门制定,并报国务院批准。

具有科学价值的古脊椎动物化石和古人类化石同文物一样受国家的保护。

2.2 文物的分类

2017年新修订的《中华人民共和国文物保护法》,把文物分为两大类:不可移动文物和可移动文物。

2.2.1 不可移动文物

按照《不可移动文物认定导则(试行)》(2018年)的分类原则将不可移动文物划分为以

下几类,每类包括若干子项。

1. 古遗址

古遗址包括早期人类活动场所、聚落址、城址、宫殿衙署遗址、祭祀遗址、寺庙遗址、窑址、矿冶遗址、战场遗址、军事设施遗址、道路桥梁码头遗址等类型。

2. 古墓葬

古墓葬包括帝王陵寝、名人或者贵族墓、普通墓葬等类型。

3. 古建筑

古建筑包括城垣城楼、宫殿府邸、宅第民居、坛堂祠堂、衙署官邸、学堂书院、驿站会馆、店铺作坊、牌坊影壁、亭台楼阙、寺观塔幢、苑囿园林、桥涵码头、堤坝渠堰、池塘井泉等类型。

4. 石窟寺和石刻

石窟寺和石刻包括石窟寺、石刻、岩画等类型。

5. 近代、现代代表性建筑

近代、现代代表性建筑包括宗教建筑、工业建筑及附属物、名人旧居、传统民居、金融商贸建筑、中华老字号建筑、水利设施及附属物、文化教育建筑及附属物、医疗卫生建筑、军事建筑及设施、交通道路设施、典型风格建筑或者构筑物、体量较大的各种材质(如石、铜、铁、泥等)雕塑等类型。

6. 近代、现代重要史迹

近代、现代重要史迹包括战争遗址、工业遗址、重大历史事件和重要机构旧址、重要革命历史事件及革命人物活动纪念地、名人墓、烈士墓及纪念设施等类型。

将不属于上述六大类的不可移动文物划分为其他类。

2.2.2 可移动文物

根据文物的同异及构成每件文物基本物质的自然属性和社会属性的差异性、同一性,把全部文物进行分类。以质地为主,兼顾性质、功能,并充分考虑中国文物传统分类方法,对存世量较大、类别特征明显的文物独立成类,不具备这些特征的归入其他类。

根据文物分类科学性、实用性、统一性原则,可移动文物可分为:玉石器、宝石,陶器,瓷器,铜器,金银器,铁器、其他金属器,漆器,雕塑、造像,石器、石刻、砖瓦,书法、绘画,文具,甲骨,玺印符牌,钱币,牙骨角器,竹木雕,家具,珐琅器,织绣,古籍图书,碑帖拓本,武器,邮品,文件、宣传品,档案文书,名人遗物,玻璃器,乐器,法器,皮革,音像制品,票据,交通、运输工具,度量衡器,标本、化石及其他。

2.3 保护范围与建设控制地带

文物保护单位的保护范围是指对文物保护单位本体及周围一定范围实施重点保护的区域。

根据文物保护单位的类别、规模、内容以及周围环境的历史和现实情况合理划定,并在文物保护单位本体之外保持一定的安全距离,确保文物保护单位的真实性和完整性。

文物保护单位的保护范围内不得进行其他建设工程或者爆破、钻探、挖掘等作业。但是,因特殊情况需要在文物保护单位的保护范围内进行其他建设工程或者爆破、钻探、挖掘等作业的,必须保证文物保护单位的安全,并经核定公布该文物保护单位的人民政府批准,在批准前应当征得上一级人民政府文物行政部门同意;在全国重点文物保护单位的保护范围内进行其他建设工程或者爆破、钻探、挖掘等作业的,必须经省、自治区、直辖市人民政府批准,在批准前应当征得国务院文物行政部门同意。

擅自在文物保护单位的保护范围内进行建设工程或者爆破、钻探、挖掘等作业的行为,尚不构成犯罪的,由县级以上人民政府文物主管部门责令改正,造成严重后果的,处五万元以上五十万元以下的罚款;负有责任的主管人员和其他直接责任人员是国家工作人员的,依法给予行政处分。

2.4 建筑类文物

2.4.1 建筑类文物历史

建筑类文物历史可以追溯到人类文明的早期。各个文明古国的建筑,例如古埃及的金字塔、古希腊的巴特农神庙、古罗马的斗兽场、中国的万里长城等,都是建筑类文物的典范。

在中世纪,建筑类文物得到了更加广泛的发展。欧洲的哥特式建筑、巴洛克式建筑、文艺复兴式建筑,亚洲的宫殿、寺庙、城市、城墙,都是建筑类文物的代表。这些建筑类文物不仅具有宏伟壮观的外观,还体现了当时的社会文化、民众信仰和生活方式。

现代建筑的发展,始于19世纪工业革命。工业革命推动了城市化进程,同时也促进了建筑技术的创新和发展。现代建筑包括摩天大楼、地标建筑、宏伟的基础设施,例如大坝、桥梁、高速公路等。这些建筑不仅是现代城市的象征,还体现了现代文化、科技、社会发展的成果。

中国建筑类文物历史悠久,可以追溯到新石器时代。在中国古代,建筑是社会发展的重要标志,也是文化、艺术、技术的集大成者。中国的建筑类文物包括古代宫殿、庙宇、城墙、园林、民居等,这些建筑都代表了中国古代建筑的风格和特点。

古代中国的建筑以木结构和砖石结构为主,同时也有独具特色的土木结构。中国古代建筑注重对自然环境的融合和人类生活的适应,深受人们喜爱。其代表性建筑包括紫禁城、故宫、太和殿、颐和园、恭王府等。

随着社会的发展,建筑也在不断更新和演变。唐宋时期的建筑风格注重艺术性和装饰性,明清时期的建筑则更加注重实用性和经济性。

建筑类文物历史悠久、风格多样,反映了人类文明、文化和社会的发展,对于推动文化遗产的传承和发展,具有重要的意义和价值。

2.4.1.1 新石器时期建筑遗址

陕西西安半坡遗址占地面积达 50 000 m², 是新石器时代晚期的聚落遗址, 距今约 6800～6300 年。聚落外围有壕沟, 宽 6～8 m, 深 5～6 m。聚落主体是位于中部的居住区, 占地面积 30 000 m², 包括住房、窖穴和畜栏。壕沟以北为成人墓葬区, 儿童用瓮棺葬于住房附近。壕沟以东发现的 6 座窑址属于生产区。居住区发现的 46 座房址为圆形或方形、半地穴或地面形式, 体现了时代的差异。1 号房址已经残破, 推算面积达 160 m², 是半坡遗址中的"大房子", 入口朝东, 面对聚落中心的广场。房基凹入地下 0.5 m, 室内原有 4 根擎梁柱, 直径约为 0.45 m, 柱脚围以泥圈形成柱基。墙体用泥土堆筑, 里面掺有草茎、树木枝叶和烧土块。图 2-1 为新石器时期建筑遗址图。

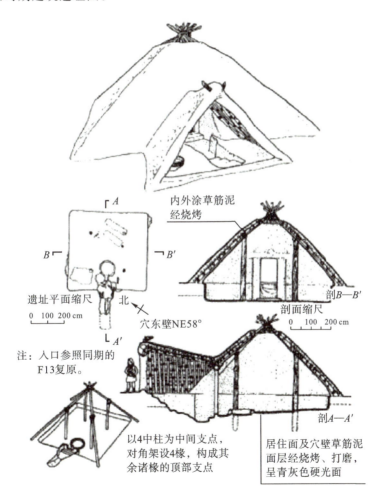

图 2-1 新石器时期建筑遗址图

(资料来源: 刘叙杰《中国古代建筑史·第一卷》(第二版))

2.4.1.2 春秋、战国、秦、汉时期的建筑

春秋战国时期的建筑遗迹，主要是洛阳东周王城遗址、晋都新田遗址、曲阜鲁国故城、临淄齐国故城、燕下都遗址、中山灵寿故城、郑韩故城、夏县禹王城遗址、秦都栎阳城遗址、秦都雍城遗址等大量诸侯国的都城基址，这些城址的城垣里都设有小城，有的不止一座，大、小城的位置关系也不确定，先秦文献中反映出当时城址建设有相对固定的模式，如城门楼、角楼等，还有"筑城以卫君、造廓以守民"的思想。

各国都城中都发现有高大的夯土台基，一般不止一处。这与文献记载当时流行"高台榭、美宫室"的风气有关，例如齐临淄的"桓公台"、燕下都的"武阳台"、楚郢都的"皇台"、赵邯郸的"龙台"等。在河北平山县战国中山王陵墓中，曾出土一块刻有陵墓总平面的铜版《兆域图》，清楚地反映出陵园预先经过规划。据《兆域图》复原的中山王陵墓（图2-2）在二重陵墙之内，有一个"凸"字形的土丘，土丘上并列排布着五座高台建筑，从图中可以看到高台建筑四面环廊，中间三座台顶建筑各七开间、四坡顶。

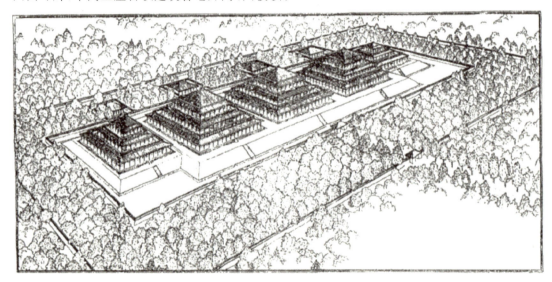

图 2-2 据《兆域图》复原的中山王陵墓鸟瞰图

（资料来源：刘叙杰《中国古代建筑史·第一卷》（第二版））

战国时期建筑技术有了较大进步，特别是铁制工具的出现促进了木材加工业的发展，使木构建筑施工质量和结构技术大为提高。一些文化遗迹表明：战国时斗栱已经出现；陶瓦使用已经比较广泛；在筒瓦的檐口使用了半瓦当，瓦当的花纹表现了突出的地方特色；同期也出现了空心砖。战国时期的墓葬有些保存非常完整，从中可以观察到木构的榫卯形式多样、制作精细。

秦始皇统一全国后，废分封行郡县，统一货币、文字和度量衡，兴水利、奖励农耕，修驰道通达全国，筑长城以御匈奴，极大地促进了国家统一管理和建设。汉承秦制，兴农强兵、开疆拓土、沟通西域。两汉前后历400余年，我国政治、经济、文化全面进入一个繁荣昌盛的历史时期。

城市方面,秦都咸阳的布局摒弃了传统的城郭制度,在渭水两岸营造大量高台殿阁、离宫别苑,极为奢侈糜华。《史记》记载"秦每破诸侯,写放其宫室,作之咸阳北阪上,南临渭,自雍门以东至泾、渭,殿屋复道周阁相属。"汉长安城受其影响,都城主要以长乐宫、未央宫、明光宫、桂宫等皇家宫殿群为主体,城内几乎没有普通居民区。除了长安城,汉代实行陵邑制,"迁徙天下富豪以守帝陵",在长安城外围形成七座繁华的陵邑城市(长陵邑、安陵邑、霸陵邑、阳陵邑、茂陵邑、平陵邑、杜陵邑)。因此,汉长安城其实是一组以长安为中心的城市群,据记载其人口不下百万,开启了帝都的新格局。汉代开始了在南郊祭天、北郊祭地、都城郊区建设帝后陵寝的制度,对后世产生了深远的影响。图2-3为东汉明器中所表示的房屋结构形式。

抬梁式结构(屋檐下用插栱)　　穿斗式结构　　　　　干阑式构造
　(四川成都画像砖)　　　　(广东广州汉墓明器)　　(广东广州汉墓明器)

图2-3　东汉明器中所表示的房屋结构形式

(资料来源:潘谷西《中国建筑史》(第六版))

汉阙是我国目前尚可见到的汉代建筑遗存之一。汉代大型建筑群和墓葬前多置双阙,墓前多以石阙为主,比较著名的有山东济宁武氏祠双阙、河南登封少室阙、河南登封启母阙、四川雅安高颐阙(图2-4)、四川雅安樊敏阙、重庆丁房阙等。从现存汉阙可以感受到木构建筑的柱、梁、斗栱及屋顶各部分的特征。

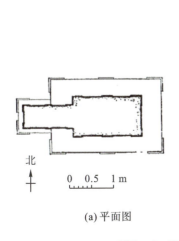 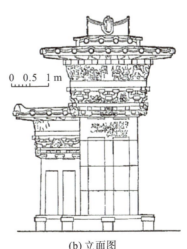

(a)平面图　　　　　　　(b)立面图

图2-4　四川雅安高颐阙实测图

(资料来源:潘谷西《中国建筑史》(第六版))

2.4.1.3 魏晋南北朝时期的建筑

东汉末年战乱纷起,在经过三国和西晋的短暂平静期之后,北方少数民族南下建立十几个割据政权,中原地区战争连绵、破坏严重,国家长期处于分裂状态。晋室南迁,中原人口大量涌入江南,促进了南方的经济发展和南北方的文化融合。这三百多年,社会发展总体呈现停滞状态,但是在人文思想上,常年战乱导致中原地区士大夫阶层远离朝堂,儒家思想削弱,厌世避世思想兴起,文人寄情山水,玄学渐盛,促进了私家园林的形成。同时,佛教自汉末传入后,长期战乱导致宗教渐入人心,寺院石窟迅速发展起来。佛教在南北朝时期全面兴盛,北魏大兴石窟寺院、营造佛塔。南朝佛教亦极盛,有"南朝四百八十寺"之说。

都城建设方面的重要代表包括曹魏邺城、北魏洛阳、南朝建康等。曹魏邺城位于河北省邯郸市临漳县附近的漳河南岸。经考古发现,邺城为东西约七里、南北约五里的矩形城市。城市布局第一次使用了南北中轴线——中阳门大街;轴线北部中间是宫城,东侧为衙署,宫城外以南为街坊(其中有市、手工作坊),宫殿西侧是铜爵园,园西与城墙有金虎台、铜雀台、冰井台三台相接。城市中轴线的使用,即以此为始。

这时期主要的建筑活动是兴建佛寺、佛塔和开凿石窟。据文献记载,仅北魏洛阳内外,就曾建寺 1 200 余所;南朝建康一带亦有庙宇 500 余处。《洛阳伽蓝记》中记载的北魏洛阳永宁寺,是由皇家敕建的极负盛名的古刹。考古发现,洛阳永宁寺建筑规模庞大,其主体部分由塔、殿和廊院组成,采用中轴对称、"前塔后殿"的平面布局,其核心是外观 9 层的方形巨塔。塔北建佛殿,四周绕以围墙。另一种寺院格局是供养人"舍宅为寺"形成的"前为佛殿、后为讲堂"庭院格局,这种以佛殿为中心的布局,后来逐渐演变成汉传佛教寺院的标准形式。

较早在中国出现的佛塔有单层塔、楼阁式塔和密檐式塔,石窟的中心柱也有的雕成塔的形象。洛阳永宁寺塔是楼阁式塔,可供游人登临。密檐式塔用砖石砌筑,多不可登临,典型代表为河南登封的嵩岳寺塔(图 2-5)。嵩岳寺塔建造于北魏正光四年(523 年),塔身平面为十二边形,密檐十五层。全身采用灰黄色砖叠涩砌筑,檐口连线形成优美的卷杀曲线。通高 37.6 m、底层直径 10.16 m、壁厚 2.5 m,塔心室直通到顶。嵩岳寺塔是我国已知现存年代最早的佛塔。

(a) 平面图　　　(b) 立面图

图 2-5　河南登封嵩岳寺塔实测图

(资料来源:刘敦桢《中国古代建筑史》(第二版))

2.4.1.4　隋、唐、五代时期的建筑

隋唐时期的建筑活动形成了我国建筑历史发展的第二个高潮。在都城建设、建筑群布局、建筑结构和风格上都开创了新的规制,影响广泛而深远。在建筑管理上出现了中央的尚书工部和将作监两个部门,开始制定工程规范和定额,共同主持规划设计和施工。研究发现,唐代建筑已经使用以材分为模数确定建筑各构件尺度的设计方法。

隋大兴唐长安城是当时世界上最大的城市,由隋朝宇文恺主持规划,东西长 9 721 m,南北宽 8 651.7 m,采用南北中轴线,东西对称布置。宫城与皇城依次排布在大城中央北首,东西大街 14 条,南北大街 11 条,将城市分割成 108 里坊。各里坊建有高大坊墙,采用里坊制进行管理,城内设置东、西两市供商人贸易,其中西市为国际贸易集市,胡人往来,东市则有120行商店和作坊。唐长安城严整的规划设计影响了渤海国上京城(今属黑龙江省牡丹江市宁安市)、日本的平城京(今属日本奈良)和平安京(今属日本京都)。

隋唐时期遗留至今的砖石建筑以塔幢为主,类型包括单层塔、楼阁式塔和密檐式塔。大部分塔身平面为四方形,外形朴素大方。一些楼阁式塔外观模仿木构建筑细部,刻画建筑立柱、阑额、斗栱、门窗等,反映砖石技术开始向细腻、繁复发展。目前已知的隋唐时期的塔有山东历城神通寺四门塔、河南登封会善寺净藏禅师塔与法王寺塔、河南安阳修定寺塔、山西五台佛光寺祖师塔、山西运城泛舟禅师塔、山西平顺海会院明惠大师塔、陕西西安香积寺塔、陕西西安兴教寺玄奘墓塔、陕西西安荐福寺塔(小雁塔)(图2-6)、陕西西安慈恩寺塔(大雁塔)、云南大理崇圣寺千寻塔等。

图 2-6　陕西西安荐福寺塔(小雁塔)

2.4.1.5　宋、辽、金、西夏时期的建筑

宋、辽、金、西夏时期是继五代十国之后,我国南北方多个政权交替存在的历史时期,历史分期从北宋建元开始,实际上位于北方的辽早在916年就已经建国号契丹,辽太宗在汴京称帝是947年,也在北宋之前。同时,南方一些小国的灭亡又在北宋建元以后,如吴越钱氏政权于978年才归顺北宋。地理的割据使得各国建筑发展不平衡,表现出一些地方特色,但也都表现出对唐代成就的继承和发展。

宋代在战乱之后,农业、手工业和商业很快得到恢复,带动了科技、文化与艺术的发展。

城市方面,突破了传统"里坊制度"的束缚,代之以"坊巷制度","沿街设店"代替了原来的"集中设市",促进城市的繁荣。北宋画家张择端的《清明上河图》反映的就是北宋汴梁城郊的情景,沿街酒肆店铺林立、河网发达、人口稠密,完全一片开放的商业城市面貌。东京城虽然只是旧城改建,但也创造了外城与内城、皇城与宫城层层相套的都城新模式。城市建筑密度高、功能完备。

建筑群体布局方面,突破了唐代普遍的以殿阁为中心的回廊院落布局,而逐渐加大沿进深方向的布局,采用轴线布置成多进院落的组合形式,主要殿宇布置在轴线上主要院落的中心位置。河北正定隆兴寺和山西汾阴后土祠庙图碑都反映出这种总平面格局。

从建筑形象观察,组群和单体建筑外观更秀丽且富于变化。从宋画滕王阁和黄鹤楼图中可以明显看到建筑体量和屋顶组合复杂,楼阁建筑普遍使用十字脊屋顶,建筑装修和色彩方面也比唐代大大丰富。门窗方面,唐代多采用板门和直棂窗;宋代则大量使用格子门和格子窗。色彩方面,唐代多以朱、白两色为主,朴素端庄;宋代建筑上开始出现各种华丽的彩画,包括"五彩遍装""碾玉装""青绿迭晕装"等。此外宋代在建筑屋顶大量使用琉璃瓦,色彩华丽。

这个时期的木结构建筑遗存较隋唐五代大大丰富,例如福建福州华林寺大殿(北宋)、天津蓟州区独乐寺山门和观音阁(辽)、广东肇庆梅庵(北宋)、浙江宁波保国寺大殿(北宋)、福建莆田元妙观三清殿(北宋)、辽宁义县奉国寺大雄殿(辽)(图2-7)、山西大同华严寺薄伽教藏殿(辽)、山西应县佛宫寺释迦塔(辽)、山西高平开化寺大雄宝殿(北宋)、山西太原晋祠圣母殿和鱼沼飞梁(北宋)、山西大同善化寺大雄宝殿(辽)、山西五台佛光寺文殊殿(金)、山西大同上华严寺大雄宝殿(金)、山西朔州崇福寺弥陀殿(金)、河北正定隆兴寺摩尼殿(北宋)、河北涞源阁院寺文殊殿(辽)、河北新城开善寺(辽)、河南登封初祖庵大殿(北宋)、河南济源奉先观三清殿(金)等。

图2-7 辽宁义县奉国寺大雄殿(辽)

2.4.1.6 元、明、清时期的建筑

从元代开始,中国结束了唐末以来军阀割据、南北分离、多政权对峙的分裂局面,重新开始大一统,而且空前加强了西南、东北等边陲地区与中原的联系。元人重视手工业、商业,实行广泛的宗教信仰自由,特别是忽必烈开始推行汉法,促成手工业和商业发展,对外特别是与西方的文化交流活跃,藏传佛教在中原传播。这些因素对于建筑发展起到了积极作用。但是元朝统治者的民族歧视政策、穷兵黩武、横征暴敛,又限制了整个社会的发展。元代虽然也有建造大都的壮举,但是遗留至今的经典之作较少。现存元代建筑包括山西芮城永乐宫三清殿、纯阳殿、重阳殿、龙虎殿,河北曲阳北岳庙德宁殿,四川峨眉飞来殿,河北定兴慈云阁,山西洪洞广胜寺下寺后殿,山西浑源永安寺传法正宗殿,浙江武义延福寺大殿,浙江金华天宁寺大殿,上海真如寺大殿,陕西韩城禹王殿,江苏苏州东山轩辕宫等,这些实例在大木技术方面,显示了柱网自由化、梁栿作用增强和斗栱结构作用削弱的趋势,南北方的建筑构造方法有明显区别。

明代建立了统一的多民族国家,制定和推行恢复中华文化、发展农业生产的政策,使明朝很快强盛起来。在营建南京、凤阳中都和北京的过程中,形成了明代的官式建筑体系。明代中后期,经济的繁荣和官方禁令的松弛使得民间建筑也得到空前发展,形成了中国古建筑发展的第三个高潮。傅熹年总结道:"明代官式建筑是在南宋以来江浙地方建筑的基础上按宫殿官署的要求加以规范化、庄重化而形成的。后来在北京继续发展,并为清代所继承。"

北京城是元、明两个朝代建造的。元在金中都东北郊的离宫旧址兴建元大都,把太液池规划在萧墙中,建大内等三座宫城。大内的轴线向南穿过都城南门,向北到中心阁,形成一条中轴线。明洪武初攻入元大都,压缩了大都北部,新建北城墙。明永乐至正统时期,完成了皇城、宫城的改建和内城的南拓,建造了"左祖右社"等礼制建筑。嘉靖晚期增建了外城,完善了"天地日月"四郊的祭祀建筑。北京是四重城相套的格局(外城不完整),宫城中轴线与都城轴线重合,从正南的永定门到正阳门,穿大明门、天安门、午门、玄武门、景山,止于钟、鼓楼,长达 7.8 km,是北京城整体格局最重要的控制轴线。北京城楼、宫城的前朝三大殿、内廷后三宫等均沿中轴线安排,或者相对中轴线对称设置在两侧,例如天坛和先农坛、太庙和社稷坛。这些皇家建筑体量宏伟、色彩鲜明,与北京城民居的青灰色瓦顶住房形成强烈的对比,表现了封建帝王至尊无上的地位和首都的封建秩序。清代只是把明代的皇城禁区开放了,其他完全继承了明代的成果。

明代用砖量达到历史上前所未有的程度,全国各地普遍营建城池,国家建立以"九镇"为主体的长城防御体系,普遍采用包砖。单体建筑出现以"砖拱券"为主体的"无梁殿"建筑形式,例如江苏南京灵谷寺无量殿、北京皇史宬、江苏苏州开元寺无量殿等。明中晚期江南私家园林的建设也取得很大发展,出版了园林设计专著《园冶》。清代的园林建筑成就主要表现在皇家园林的建设上,形成了以北京西北郊的"三山五园"("三山"指万寿山、香山和玉泉

山，"五园"指颐和园、静宜园、静明园、畅春园和圆明园)和河北承德避暑山庄为代表的皇家园林建筑群。

明清两代民居村落建筑是全国丰富的地域性建筑文化的典型代表，大木结构以抬梁、穿斗或两者结合的式样为主，还有与土坯墙、砖墙相结合的砖木混合结构，同时发明了"轩"与"草架"相配合的改善室内空间的技术。巴渝地区以方格形穿斗排架的场镇民居，皖南赣北地区的徽州民居，闽赣客家以夯土为主的围屋土楼建筑，闽南地区红砖大厝建筑，闽浙沿海地区的石头民居，西藏、新疆和甘青地区密梁平顶式的土木结构建筑，云南地区傣族的干阑式建筑，晋陕豫黄土地区的窑洞建筑等，形成了中国古建筑发展最后阶段丰富多彩的面貌。

2.4.2 建筑类文物类型

2.4.2.1 建筑类型

中国建筑类文物包括宫殿、庙宇、城墙、园林、民居等不同类型的建筑。这些建筑不仅是中国古代建筑的代表，也是中国现代建筑的重要组成部分。

宫殿是中国古代皇帝居住和办公的地方，也是古代建筑艺术的代表。中国的宫殿建筑具有严谨的规划和对称美感，例如北京紫禁城、辽宁沈阳故宫等。

庙宇是中国古代宗教信仰的场所，也是中国古代建筑的代表之一。中国的庙宇建筑包括了佛教、道教、儒教等不同信仰的建筑，例如河南洛阳白马寺、北京天坛等。

城墙是中国古代城市的防御工事，具有重要的历史和军事价值。中国的城墙建筑具有厚重的墙体、高大的城楼和严密的防御系统，例如陕西西安城墙、江苏南京城墙等。

园林是中国传统文化的重要组成部分，也是古代建筑的重要形式之一。中国的园林建筑注重自然与人文的相融，运用山水、亭台、花草等元素营造出优美的环境和意境，例如江苏苏州园林、北京颐和园等。

民居是中国古代普通民众居住的房屋建筑，也是中国古代建筑的重要组成部分。中国的民居建筑具有地域特色和文化内涵，例如北京四合院、福建土楼等。

2.4.2.2 建筑风格

中国建筑类文物的风格包括了古代建筑风格和现代建筑风格。古代建筑风格包括了木结构、砖石结构和土木结构等不同的风格，现代建筑风格则包括了中式和西式等不同的风格。以下是中国古代建筑风格的几种形式。

1. 木结构

木结构是中国传统建筑的重要形式之一，广泛应用于宫殿、庙宇、民居等建筑中。中国的木结构建筑注重结构的稳定性和美感，例如北京故宫、北京颐和园等。图 2-8 为北京故宫太和殿。

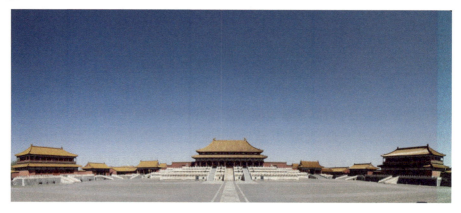

图 2-8　北京故宫太和殿

2. 砖石结构

砖石结构是中国建筑发展的重要里程碑,代表着中国古代建筑的技术成就。中国的砖石结构建筑注重技术的精湛和装饰的艺术性,例如陕西西安大雁塔(图 2-9)、河南卫辉望京楼等。

图 2-9　陕西西安大雁塔

3. 土木结构

土木结构是中国建筑的独特形式,具有重要的历史和文化价值。中国的土木结构建筑注重对自然环境的融合和对人类生活的适应,例如西藏拉萨布达拉宫、云南香格里拉松赞林寺(图 2-10)等。

第 2 章 建筑类文物及附属文物

图 2-10 云南香格里拉松赞林寺

2.4.2.3 建筑年代

中国建筑类文物可以按照不同的年代进行分类。古代建筑类文物可分为夏、商、周、秦、汉、唐、宋、元、明、清等不同的时期,现代建筑类文物可分为民国时期、新中国成立前和新中国成立后等不同的时期。以下是中国古代建筑不同时期的几种形式。

1. 夏、商、周建筑

夏、商、周建筑是中国建筑发展的早期阶段,以王宫、祭祀建筑和城墙为主。这些建筑以土木结构为主,注重防御和实用,例如河南偃师二里头夏都遗址(图 2-11)、河南安阳殷墟、陕西宝鸡周原遗址等。

图 2-11 河南偃师二里头夏都遗址

2. 秦、汉建筑

秦、汉建筑是中国建筑发展的重要时期,以宫殿、城墙、陵墓和寺庙为主。这些建筑以砖石结构为主,注重规模和尊贵感。

3. 唐、宋建筑

唐、宋建筑是中国建筑发展的黄金时期,以宫殿、寺庙、园林和桥梁为主。这些建筑以木结构和砖石结构为主,注重精美的装饰和文化内涵,例如天津蓟州独乐寺观音阁(图2-12)等。

图 2-12 天津蓟州独乐寺观音阁

4. 元、明、清建筑

元、明、清建筑是中国建筑发展的后期阶段,以宫殿、庙宇、园林和民居为主。这些建筑以木结构和砖石结构为主,注重装饰和文化内涵,例如北京故宫、河北承德避暑山庄(图2-13)等。

图 2-13 河北承德避暑山庄

2.4.2.4 建筑地域

中国建筑类文物可以按照不同的地域进行分类,不同地区的建筑类文物都具有独特的地域特色。以下是中国古代建筑不同地域的几种形式。

1. 北方建筑地域

以北方地区为主,主要为宫殿、城墙、寺庙和民居。这些建筑以木结构和砖石结构为主,注重实用性和防御性,例如北京故宫、山西应县木塔(图 2-14)等。

图 2-14 山西应县木塔

2. 华南建筑地域

以南方地区为主,主要为园林、宅院、庙宇和桥梁。这些建筑以木结构和砖石结构为主,注重环境与建筑的融合和精美的装饰,例如福建土楼(图 2-15)等。

图 2-15 福建土楼

3. 西南建筑地域

以西南地区为主,主要为寺庙、宅院和桥梁。这些建筑以木结构和砖石结构为主,注重适应地形地貌和对环境的融合,例如云南大理崇圣寺三塔(图 2-16)、四川乐山峨眉山九十九道拐等。

图 2-16　云南大理崇圣寺三塔

4. 江南建筑地域

以江南地区为主,主要为园林、宅院和庙宇。这些建筑以木结构和砖石结构为主,注重精美的装饰和适应水乡地形的特点,例如江苏苏州拙政园(图 2-17)、浙江杭州西湖等。

图 2-17　江苏苏州拙政园

2.4.2.5 建筑内容

1. 亭(凉亭)

"亭者,停也。人所停集也。"古时,亭是供行人休息歇脚的地方,有半山亭、路亭、半江亭等。其造式也无定式,有三角、四角、五角、梅花、六角、八角等,只需地形合宜皆可。亭是一种中国传统建筑,源于周代,多建于路旁,供行人休息、乘凉或观景用。亭一般为开敞式结构,没有围墙。因为造型轻巧,选材不拘,布设灵活而被广泛应用在园林建筑之中。

醉翁亭、陶然亭、爱晚亭、湖心亭被合称为"中国四大名亭"。

1) 醉翁亭

醉翁亭(图 2-18)是中国四大名亭之首,又被称为"天下第一亭",位于现安徽滁州西南的琅琊山风景名胜区中。醉翁亭初建于北宋庆历六年(1046 年),距今已有 900 多年的历史。它是当时琅琊寺住持僧智仙和尚专门为欧阳修而建。当时,欧阳修因在朝得罪了左丞相等一伙奸党,被贬至滁州任太守后,常在此饮酒赋文,智仙同情他特建造了这座亭子。欧阳修自称"醉翁",便命亭为"醉翁亭",并作了传世不衰的著名散文《醉翁亭记》。

图 2-18 醉翁亭

醉翁亭四周的台榭建筑,独具一格,意趣盎然。亭东有一巨石横卧,上刻"醉翁亭"三字,亭西为宝宋斋,内藏高约 2 m、宽近 1 m、刻有苏轼手书的《醉翁亭记》碑两块,为稀世珍宝。亭西侧有古梅一株,传为欧阳修手植,故称"欧梅"。亭前的酿泉旁有小溪,终年水声潺潺,清澈见底。再往西行,可观"九曲流觞"胜景。

2)陶然亭

清康熙三十四年(1695年),工部郎中江藻奉命监理黑窑厂,他在慈悲庵西部构筑了一座小亭,并取白居易诗"更待菊黄家酿熟,与君一醉一陶然"(《与梦得沽酒闲饮且约后期》)句中的"陶然"二字为亭命名,即陶然亭(图2-19)。这座小亭,被誉为"周侯藉卉之所,右军修禊之地",更被全国各地来京的文人视为必游之地。清代200余年间,此亭享誉经久、长盛不衰,成为都中一胜。

陶然亭周围有许多著名的历史胜迹。西北有龙树寺,寺内有兼葭簃、天倪阁、看山楼、抱冰堂等建筑;东南有黑龙潭、龙王亭、哪吒庙、刺梅园、祖园;西南有风氏园;正北有窑台;东北有香冢、鹦鹉冢,以及近代的醉郭墓、赛金花墓等。

图2-19 陶然亭

3)爱晚亭

爱晚亭(图2-20)位于湖南长沙岳麓书院后青枫峡的小山上,八柱重檐,顶部覆盖绿色琉璃瓦,攒尖宝顶,内柱为红色木柱,外柱为花岗石方柱,天花彩绘藻井,蔚为壮观。清乾隆五十七年(1792年)山长罗典所建。爱晚亭原名"红叶亭",又名"爱枫亭"。后据唐代诗人杜牧"停车坐爱枫林晚,霜叶红于二月花"(《山行》)之诗意,而改名为爱晚亭。亭内有一横匾,上刻毛泽东手迹《沁园春·长沙》一词,亭额上"爱晚亭"三字是1952年湖南大学重修爱晚亭时,毛泽东同志接受校长李达之请,亲笔题写。亭中方石上刻有张南轩和钱南园游山的七律诗,称"二南诗"。

爱晚亭前石柱刻对联:"山径晚红舒,五百夭桃新种得;峡云深翠滴,一双驯鹤待笼来。"爱晚亭在中国亭台建筑中,影响甚大,堪称亭台之中的经典建筑。

图 2-20 爱晚亭

4) 湖心亭

湖心亭(图 2-21)位于浙江杭州西湖中央、小瀛洲北面,是湖中三岛(湖心亭、三潭印月、阮公墩)中最早营建的,亭为岛名,岛为亭名。在宋、元时曾有湖心寺,后倾圮。明代知府孙孟建"振鹭亭",后改为"清喜阁",是湖心亭的前身。在湖心亭极目四眺,湖光皆收眼底,群山如列翠屏,在西湖十八景中称为"湖心平眺"。明嘉靖三十一年(1552年)建振鹭亭,清代重修后增添阁楼。清帝康熙在亭上题过匾额"静观万类",以及楹联"波涌湖光远,山催水色深"。

图 2-21 湖心亭

2. 台

早期的台是一种高耸的夯土建筑,古代的宫殿多建于台之上。后来成为园林建筑形式之一,演变成厅堂前的露天平台,即月台,例如北京恭王府多福轩月台(图2-22)等。

· 37 ·

图 2-22　北京恭王府多福轩月台

3. 楼

"楼,重屋也。"古指有二层以上的房屋,例如湖南岳阳岳阳楼(图 2-23)等。

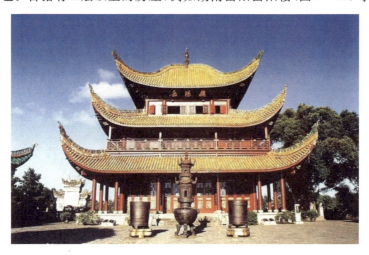

图 2-23　湖南岳阳岳阳楼

4. 阁

阁是一种架空的小楼房,中国传统建筑物的一种。其特点是通常四周设隔扇或栏杆回廊,供远眺、游憩、藏书和供佛之用,例如江西南昌滕王阁(图 2-24)等。"楼"与"阁"由于在外形上差不太多,功能也相近,人们常把二者组合在一起。由于一般多为体量较大的高层建筑,不仅是游人登高望远的佳处,同时也是园林最为突出的景观。多在临水之地建楼,取凭高远眺,极目无穷之妙。

图 2-24　江西南昌滕王阁

5.轩

轩(图 2-25)指有窗的长廊或小室,多为高而敞的建筑,但体量不大。在园林建筑中,轩与亭一样,是一种点缀性的建筑。作为观景建筑的轩,大多置于高敞临水之处,外形轻巧、雅致,也称"水轩"。

图 2-25　轩

6.榭

"榭者,藉也。藉景而成者也。或水边,或花畔,制亦随态。"平面常为长方形,一般四面敞开或设窗扇,以供人们游憩、眺望。水榭(图 2-26)则是在水边架起一个平台,三面临水,平台一半深入水中,一半架于岸边,然后在平台上建起一个木构的单体建筑物,常与廊、台组合在一起。

图 2-26 水榭

7. 舫

舫在古代多指城邦国家的海军舰队、内河舰队或运输船队,后演变成一种仿船形的建筑,又称"不系舟",多建于池边或水中,是园林中的重要景观,例如北京颐和园清晏舫(图 2-27)等。舫的基本形式同真船相似,宽约丈余,一般分为船头、中舱、尾舱三部分。船头略高,供赏景用。中舱最矮,是主要的休息、宴饮的场所,舱的两侧开长窗,坐着观赏时可有宽广的视野。后部尾舱最高,一般为两层,下实上虚,上层状似楼阁,四面开窗以便远眺。舱顶一般做成船篷式样,首尾舱顶则为歇山式样,轻盈舒展。

图 2-27 北京颐和园清晏舫

8. 华表

华表亦称"桓表""表木"或"诽谤之木",是古代用以表示王者纳谏或指路的木柱。相传立于尧时,皆为木制,东汉时期开始使用石柱作华表,其纳谏、指路的作用消失。华表一般由底座、蟠龙柱、承露盘和其上的蹲兽组成,放在宫殿、陵墓等大型建筑物外的道路两旁,也称为"神道柱""石望柱",是中国一种传统的建筑形式,已经成为中国的象征之一,例如北京天安门华表(图 2-28)等。

图 2-28　北京天安门华表

9. 阙

阙是汉代较独特的建筑样式,它多成对立在建筑群的入口两侧,是入口处的标志性建筑物。其源于瞭望、守卫的木楼,后演变为表示威仪和等级名分的城阙和宫阙。西汉初期贵族府第开始使用"第宅阙",建在府第入口的两侧,作为大门的标志,以显示其地位身份。再后来,为祭祀的需要,仿造宫阙的形式将其缩小建于祠庙入口两侧成为"祠庙阙"。同时在厚葬风的影响下,为了表示死者的身份、地位,在墓前的神道两侧也建了石阙,即"墓阙",例如四川雅安高颐阙(图 2-29)等。阙一般包括基座、阙身和栌斗(大柱柱头承托栋梁的方木,即斗栱最下部的构件),阙上有多处刻画图像、纹样,并有题刻文字。

图 2-29　四川雅安高颐阙

10. 碑

碑指刻上文字纪念事业、功勋或作为标记的石头,例如北京正阳桥疏渠记方碑(图2-30)等。在西周和春秋时,宗庙内立石柱用来拴供祭祀用的牲畜,同时人们也根据它在阳光下投出的影子的方位来推算时间,这种就是我国最早的碑。战国时期,大贵族下葬时,因墓穴很深,棺木要用滑车系绳索缓缓地放下去,碑又成为滑车的支架。殡葬结束,碑石往往留在墓地。于是人们在碑石上刻些追述前人"功德"的文字,纪念逝者。到东汉时期,墓碑风盛行,制作也越来越精良。唐代是碑刻最发达时期,不仅内容丰富,书法上也有极高价值。碑的结构一般分为碑首、碑身、碑座三部分。碑首主要刻写碑名,也有刻成起装饰作用的螭首状;碑身刻写碑文;碑座起承重作用,也有做成起装饰作用的龟跌。

图 2-30　北京正阳桥疏渠记方碑

11. 牌坊

牌坊由棂星门衍变而来,开始用于祭天、祀孔。牌坊滥觞于汉阙,成熟于唐、宋,至明、清登峰造极,并从实用衍化为一种纪念碑式的建筑。

牌坊就其建造意图来说,可分为六类:一是庙宇牌坊(如曲阜孔庙牌坊);二是功德牌坊,为某人记功记德(如四世宫保坊);三是百岁牌坊,也称百寿牌坊;四是节孝牌坊,多表彰节妇烈女和孝顺之子的;五是标志坊,多立于村镇入口与街上,作为空间段落的分隔之用;六是陵墓牌坊(如大禹陵牌坊)。牌坊也是祠堂的附属建筑物,昭示家族先人的高尚美德和丰功伟绩,兼有祭祖的功能。

牌坊由于所处位置重要,其形象越来越受到重视。单开间发展为多开间,门上的屋顶由单层变为多层,相叠为重楼,所以把这种有顶楼的牌坊称为"牌楼"。牌楼依其间楼或楼数可有"一间二柱""三间四柱""五间六柱"等形式或是"一楼""三楼""五楼"等形式。规模最大、等级最高的是"五间六柱十一楼"。

牌楼从形式上分为两类：一是冲天式，也叫"柱出头"式，这类牌楼的间柱是高出明楼楼顶的，街道上的牌楼大都是冲天式。二是"不出头"式，这类牌楼的最高峰是明楼的正脊，多用于宫苑之内，例如北京颐和园涵虚牌楼（图2-31）。

图2-31 北京颐和园涵虚牌楼

12. 照壁

古人称照壁为"萧墙"，也称"影壁"或"屏风墙"，多起遮挡、装饰、分隔空间的作用，是传统建筑中特有的部分，明朝时特别流行。

从材质上分，照壁有五种：一是琉璃照壁，主要用在皇宫和寺庙建筑，最具代表性的是故宫和北海的九龙壁。二是砖雕照壁，大量出现在民间建筑中，是传统照壁的最主要形式。其中一些照壁的须弥座采用石料雕制，但极其罕见。三是石制照壁，民间很少出现。四是木制照壁，由于木制材料很难承受长久的风吹日晒，一般也比较少见。五是砖瓦结构或土坯结构照壁，壁身素面上色，有的还雕嵌砖材图案或文字，这一类照壁也不在少数。

2.4.2.6 建筑类文物附属文物

中国建筑类文物附属文物中，建筑装饰是最为常见的一种。它包括了建筑的柱头、门窗花纹、屋檐、角砖等各种装饰元素。这些装饰元素通常都具有浓厚的文化内涵和寓意，例如龙凤、瑞兽、吉祥图案等。

塑像和石刻常常出现在寺庙、墓葬、园林等建筑内，它们通常是对于某位名人、神祇、佛教形象的雕刻，具有浓厚的历史和文化背景，例如辽宁义县奉国寺的过去七佛等。

书法和绘画常常出现在宫殿、庙宇等建筑内，它们通常是对于某位名人、诗词、佛教故事等的书写和绘画,具有浓厚的文化内涵和艺术价值,例如北京故宫的御书房内的遗留文物、山西临汾广胜寺水神庙的壁画等。

2.4.3 建筑类文物基本构成

古代建筑作为中华民族宝贵的文化遗产之一,经过千百年的变迁与演变,在形制、材料、工艺等方面都具有独特的魅力和价值。古代建筑主要由屋顶、屋身、台基三部分构成。

2.4.3.1 屋顶

屋顶是整个建筑的天盖,也是外观的重要组成部分。在古代建筑中,屋顶通常由瓦片、檐条、檐口、脊兽等多种构件组成,通过复杂的工艺将其有机地结合在一起。不同形制的瓦片可以反映出当时的技术水平、地域风俗和文化内涵,同时也是建筑防水、遮阳、保温的重要手段。此外,屋顶上还常常装饰有金龙、石马等雕刻精美的脊兽,寓意着祈求家族兴旺、国泰民安等。

1. 屋顶

在中国古代,屋顶除了实用功能之外,还肩负了很多等级礼制的使命。庑殿顶、歇山顶、悬山顶、硬山顶各有其使用的规则。等级从高到低依次为:重檐庑殿顶、重檐歇山顶、单檐庑殿顶、单檐歇山顶、悬山顶、硬山顶。图 2-32 为古代建筑屋顶示意图。

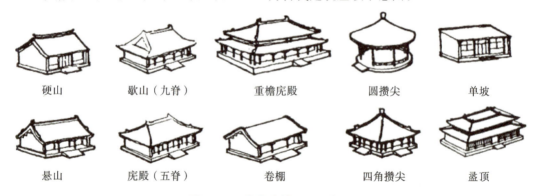

图 2-32 古代建筑屋顶示意图

2. 屋脊

屋脊指屋顶两坡面相交隆起之处,一般用瓦条和砖垒砌而成。最初是一种防漏措施,后演变成优美的曲线轮廓和活泼的屋顶装饰。屋脊的位置不同,有不同的名称,常见的屋脊有正脊、垂脊、戗脊、博脊等。图 2-33 为古代建筑屋脊示意图。

1) 正脊

正脊又称"大脊""平脊",位于屋顶前后两坡相交处,是屋顶最高处的水平屋脊,正脊两端有吻兽或望兽,中间可以有宝瓶等装饰物。

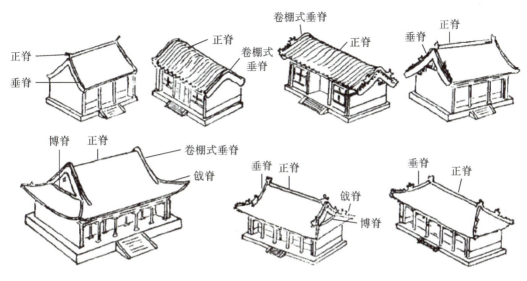

图 2-33 古代建筑屋脊示意图

2）垂脊

在歇山顶、悬山顶、硬山顶的建筑上自正脊两端沿着前后坡向下则为垂脊，在攒尖顶中自宝顶至屋檐转角处为垂脊。

3）戗脊

戗脊又称"岔脊"，是中国古代歇山顶建筑自垂脊下端至屋檐部分的屋脊，和垂脊成45°，对垂脊起支戗作用。在歇山顶建筑中，垂脊的下方从博风板尾处开始至套兽间的脊，叫作"戗脊"。重檐屋顶的下层檐（如重檐庑殿顶和重檐歇山顶的第二檐）的檐角屋脊也是戗脊，称"重檐戗脊"。对庑殿顶自正脊两端之房檐的屋脊，一说也称为"戗脊"，但另一说为"垂脊"。戗脊上安放戗兽，以戗兽为界分为兽前和兽后两段，兽前部分安放蹲兽，数量根据等级大小各有不同。

4）博脊

博脊是位于山花下的屋脊。

3. 屋顶装饰

1）吻兽

吻兽包括有正吻（图2-34）、垂兽、戗兽、仙人走兽、套兽。常见的为正吻和仙人走兽。其中正吻也称为"鸱尾"，是龙的九子之一。平生好吞，喜欢东张西望，经常被安排在建筑物的屋脊上，做张口吞脊状，并有一剑以固定之。由于其属水性，因此常用它作镇邪之物以避火，也就是殿脊上的兽头之形。在古建筑中，"五脊（庑殿）六兽"只有官家才能拥有。

图 2-34　正吻

2）山花

歇山式的屋顶两侧形成的三角形墙面，叫作山花（图 2-35）。

图 2-35　山花

3）悬鱼

悬鱼（图 2-36）位于悬山或者歇山建筑两端的博风板下，垂于正脊。悬鱼是一种建筑装饰，大多用木板雕刻而成，因为最初为鱼形，并从山面顶端悬垂，所以称为"悬鱼"。后在发展过程中，出现了各种各样的装饰形式，有的甚至变成了蝙蝠，以取"福"之意。

图 2-36 悬鱼

4）蹲兽

蹲兽（图 2-37）又称"走兽""垂脊兽""戗脊兽"等，是宫殿建筑庑殿顶的垂脊上、歇山顶的戗脊上前端的瓦质或琉璃的小兽。脊兽的数量和宫殿的等级相关，最多的是北京故宫的太和殿共有 10 个，分别是龙、凤、狮子、天马、海马、押鱼、狻猊、獬豸、斗牛、行什。在蹲兽前为骑凤仙人。

图 2-37 蹲兽

5）塔刹

塔刹（图 2-38）位于屋顶正脊中间，塔顶端的饰件，有圆有尖，一般分为刹顶、刹身、刹座三个部分。

图 2-38 塔刹

6）瓦作

瓦作也称"瓦件"，施于屋顶，用于遮挡雨雪的建筑材料。中国最早的瓦作出现在西周时期，均为陶瓦。琉璃瓦最早则出现在北魏时期。瓦作包括板瓦、筒瓦、勾头瓦、滴水瓦、帽钉等。

7）瓦当

瓦当是指屋檐最前端的一片圆形挡片瓦，是用以装饰美化和保护建筑物檐头的建筑附件。瓦当上刻有文字、图案，设计优美，行云流水，极富变化，多见云头纹、几何形纹、饕餮纹、文字纹、动物纹等，也有用四方之神的"朱雀""玄武""青龙""白虎"作图案的，是精致的艺术品。

2.4.3.2 屋身

屋身是古代建筑的中心部分，承载着建筑结构的主要荷载。古代建筑的屋身通常由柱、梁、墙、窗等组成，经过长时间的沉淀和发展，形成了各种不同类型的建筑形制，例如殿堂、阁楼、庑殿、亭台等。在古代，建筑的高低、大小、颜色等有着严格的规定，这既是为了保持建筑物的美观大方，也是为了彰显统治者的权威和地位。

屋身通常采用木结构和砖石结构相结合的形式，能够保证建筑的稳固性和耐久性，同时呈现出精美的装饰和雕刻。墙体部分则采用了砖石饰面、彩绘、雕刻等技法，以营造出富有文化内涵和艺术价值的建筑形式。

柱网一般作为古建筑间和进的分割示意，同时决定了古建筑的平面结构。柱网一般以木结构为主，主要作用为支撑古建筑梁架结构，作为古建筑结构的承上启下的作用，其空间就是古建筑的室内空间。建筑室内墙面是古建筑的室内分隔结构，寺观建筑内墙上一般绘有壁画或雕饰悬塑。

门窗是建筑物的重要组成部分之一。门窗的设计和制作工艺体现了中国传统建筑的审美理念和文化特点,同时也具有实用性和装饰性。传统建筑中的门分为正门、侧门、花门等多种形式,门扇通常采用木材制作,门框则采用石材或木材。门扇上常常雕刻有花鸟、人物、神话传说等图案和文字,寓意着吉祥如意、美好祝愿等。门的设计和制作工艺讲究精细和对称,体现了中国传统建筑对和谐美的追求。传统建筑中的窗户也有多种形式,例如木窗、石窗、透雕窗等。窗扇的设计和制作工艺也十分精细,常常采用浮雕、线雕、透雕等技法,营造出精美的装饰效果。窗户的设计和制作除美观外,还具有通风、采光、防盗等实用功能。

2.4.3.3 台基

台基的作用是为整个建筑提供稳定的基础,同时还有一定的象征意义。在古代建筑中,台基通常由石头或青砖砌成,高低大小不一,根据建筑的功能、地形地势、传统风俗等因素而有所差异。例如:皇家建筑的台基通常比较高大厚实,以体现帝王的尊贵地位;寺庙建筑的台基则常常呈阶梯状,寓意着修行之路的艰辛和逐渐升华的过程。

台基可分为四种:一是普通台基,早期由夯土筑成,后来才在其外表面包砌砖石,渐而又施设压阑石、角柱和间柱(有的间柱上再施栌斗);南北朝至唐代时,还在台基侧面错砌不同颜色的条砖,或贴表面有各种纹样的饰面砖,常用于小式建筑。二是较高台基,座壁上带有壁柱,常在台基上边建汉白玉栏杆,用于大式建筑或宫殿建筑中的次要建筑。三是更高台基,即"须弥座"(图2-39),又名"金刚座",多数由汉白玉或琉璃等垒砌而成,上有凹凸线脚和纹饰,台上建有汉白玉栏杆,常用于宫殿和著名寺院中的主要殿堂建筑。四是最高台基,由几个须弥座相叠而成,使建筑物显得更为宏伟高大,常用于最高级别的建筑上。

图 2-39 须弥座

台基包括"埋深"和"台明"两部分,台阶、月台和栏杆都是台基的附件,并非台基所必有,只有等级高的台基才用月台和栏杆。当台明很矮时,台阶也可以不用。

1. 深埋

深埋(图 2-40)是指台基埋在地下的部分。

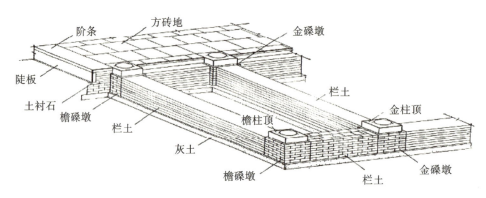

图 2-40　台基深埋部分示意图

2. 台明

台明(图 2-41)是指台基露出地面的部分,也是台基的主体部分,由檐柱中向外延出的部分为台明出沿。台明从形式上分为普通式和须弥座两大类。

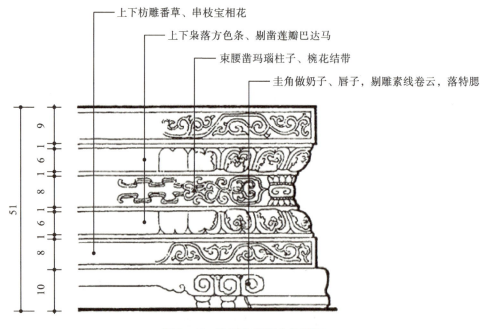

图 2-41　台基台明部分示意图

3. 台阶

台阶(图 2-42)又称"踏道",是上下台基的阶梯,通常有阶梯形踏道和坡道形踏道两种类型。

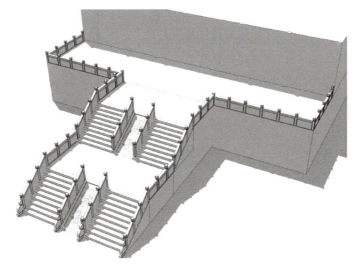

图 2-42 台阶示意图

4. 月台

月台(图 2-43)又称"露台"或"平台",是台明的扩大和延伸,有扩大建筑前活动空间及壮大建筑体量和气势的作用。只有正房、正殿突出连着前阶的平台称为月台,月台是该建筑物的基础,也是它的组成部分。由于此类平台宽敞而通透,一般前无遮拦,故是看月亮的好地方,也就成了赏月之台。其做法与台基相同,四面以砖石砌成,内多填土,地面铺以砖石。

图 2-43 月台

根据月台与台明的关系,月台可以分为"正座月台"和"包台基月台",正座月台的高度比台明低五寸,也就是一个踏级,包台基月台要比台明低很多。

5. 栏杆

栏杆起防护安全、分隔空间、装饰台基的作用。

2.5 附属文物

2.5.1 塑像

塑像指用泥土或石膏等材料塑造的人像。不管是西方的维纳斯塑像还是东方的孔子像,都属于塑像的一种,建筑类文物中的塑像一般分为泥塑、木塑及影壁三种。

从考古资料看,先民用泥土塑造各种形象的历史由来已久。彩塑起源于中国古代图腾崇拜、生殖崇拜、神灵崇拜。"俗说天地开辟,未有人民,女娲抟黄土为人",这大概是中国神话传说中最有影响的泥塑创造活动。我国彩塑艺术可追溯到距今 4 000~1 万年前的新石器时期,史前文化地下考古就有多处发现。浙江河姆渡文化遗址出土的陶猪、陶羊距今 5 000~7 000 年,河南新郑裴李岗文化遗址出土的古陶井、泥猪、泥羊头距今约 7 000 年。这些出土的文物可以确认是人类早期手工捏制的艺术品。

自新石器时代之后,中国彩塑艺术一直没有间断,发展到汉代已经成为重要的艺术品种。考古工作者从两汉墓葬中发掘了大量的文物,其中有为数众多的陶俑、陶兽、陶马车、陶船等。这些陶制品有手捏的,也有模制的。汉代先民认为亡灵如人生在世,同样有物质生活的需求,因此丧葬习俗中需要大量的陪葬品,这为彩塑的发展和演变起了推动作用。两汉以后,随着道教的兴起和佛教的传入,以及多神化的奉祀活动,社会上的道观、佛寺、庙堂兴起,直接促进了彩塑偶像的需求和彩塑艺术的发展。

至唐宋时代,彩塑艺术发展到盛期,著名彩塑有甘肃敦煌莫高窟的菩萨、山西太原晋祠的宫女等。被誉为"雕塑圣手"的杨惠之就是唐代杰出的代表,他与吴道子同师张僧繇,道子学成,惠之不甘落后,毅然焚毁笔砚,奋发专攻塑,终成名家。世人称赞:"道子画,惠之塑,夺得僧繇神笔路。"彩塑艺术发展到宋代,不但宗教题材的大型佛像继续繁荣,小型彩塑玩具也发展起来。做泥人殉葬、做佛像膜拜、做"耍货"玩赏的民间风俗,是中国彩塑艺术得以发展的主要原因。有许多人专门从事泥人制作,作为商品出售。北宋时东京(今河南开封)著名的泥玩具"磨喝乐"在每年七月七日前后出售,不仅平民百姓买回去"乞巧",达官贵人也要买回去供奉、玩耍。

元代之后,历经明代、清代、民国,彩塑艺术品在社会上仍然流传不衰,尤其是小型彩塑,既可观赏陈设,又可让儿童玩耍。至清代,彩塑形成南北两个著名流派:北方有天津"泥人张",南方有无锡惠山泥人。"泥人张"指天津泥人张长林,其作品以写实为特色,人物造型、音容笑貌、色彩装饰无不强调一个"像"字。其子张兆荣、其孙张景桔继承祖业,为中国彩塑艺术作出贡献。随着彩塑的发展,几乎全国各地都有生产,其中著名的产地有无锡惠山、天津、陕西凤翔、河北白沟、山东高密、河南浚县、河南淮阳、北京等。不同地域的彩塑形成了各自迥异的艺术风格。

2.5.2 石刻

石刻是造型艺术中的一个重要门类,在中国有着悠久的历史。石刻属于雕塑艺术,是运用雕刻的技法在石质材料上创造出具有实在体积的各类艺术品。

中国古代石刻种类繁多。古代艺术家和匠师们广泛地运用圆雕、浮雕、透雕、减地平雕、线刻等各种技法创造出众多风格各异、生动多姿的石刻艺术品。洛阳龙门石窟被联合国教科文组织评价为"中国石刻艺术的最高峰"。四川安岳卧佛院释迦牟尼涅槃图石刻(图 2-44)首开巴蜀造大像之先河,对西南地区乃至全国的佛教造像艺术给予了重要的示范和影响。

图 2-44 四川安岳卧佛院释迦牟尼涅槃图石刻

2.5.3 壁画

原始社会人类在洞壁上刻画各种图形用以记事表情,这是最早的壁画。据史料记载,汉武帝画诸神像于甘泉宫,宣帝画功臣像于麒麟阁,也都是壁画。自魏晋至唐宋,佛道两教盛行,寺院道观多有壁画。图 2-45 为四川成都观音寺壁画侧摄光影像。

在建筑物上的壁画,大致可以分为粗地壁画、刷地壁画、绘制壁画、浮雕壁画、马赛克镶嵌壁画以及其他工艺材料壁画等。传统的刷地壁画又分湿壁画和干壁画。中国古代壁画一般以绘制场所的不同而区分,有殿堂壁画、寺观壁画、石窟壁画、墓室壁画、民居住宅壁画等。现代壁画的主要目的是建筑装饰,与建筑物及周边环境的协调、融合是最重要的,其材料更加多样化,具有耐久性。

图 2-45　四川成都观音寺壁画侧摄光影像

2.5.4　彩画

古建筑彩画历史悠久、内容丰富多彩、名目繁多,是中国独有的传统建筑装饰。一般分为旋子彩画、和玺彩画、苏式彩画和地方彩画。

1. 旋子彩画

经考察,旋子彩画来自旋花变形图案。旋花,植物名、旋花科,多年生蔓草,茎细长,缠绕他物之上,叶互生、戟形、有长柄,夏天开漏斗状合瓣花,色淡红,又名"鼓子草"。旋子彩画在元代初步形成,但尚不成熟,例如山西永乐宫三清殿的梁枋彩绘,但对明清建筑旋子彩画起到了奠基作用。清代在明代旋子彩画的基础上又做了进一步的发展。为了适应时代发展的需要,进一步加强了规制。无论是图案的线路、做法、设色、题材以及用金多寡都有严格的等级标准,因此多年来画作工匠称旋子彩画为"规矩活"。

旋子彩画在等级上次于和玺彩画,在构图上也有明显区别,可以根据不同要求做得很华贵或很素雅。这种彩画用途极广,一般官衙、庙宇、牌楼和园林中都有采用。

2. 和玺彩画

彩画等级中的最高级,用于宫殿、坛庙等大型建筑物的主殿。梁枋上的各个部位是用特别的线条分开,主要线条全部沥粉贴金,金线一侧衬白粉和加晕。用青、绿、红三种底色衬托金色,看起来非常华贵。

和玺彩画有金龙和玺、龙凤和玺及龙草和玺之分。

金龙和玺的整组图案以各种姿态的龙为主要内容。枋心是二龙戏珠,若找头衬地为青色,则绘升龙(龙头向上),若为绿色则绘降龙(头向下),盒子中画坐龙。如果找头较长,可画双龙。降龙之处,再衬以云气、火焰等图案,具有强烈的神威气氛。

龙凤和玺的级别低于金龙和玺,枋心、找头、盒子等主要部位由龙凤两种图案组成,一般是青地画龙,绿地画凤。图案中亦有双龙或双凤。龙凤和玺中有"龙凤呈祥""双凤昭富"等名称。

龙草和玺的级别又低于龙凤和玺,主要由龙和大草构图组成。绿地画龙,红地画草。

3. 苏式彩画

多用于园林和住宅四合院,除了有生动活泼的图案外,彩画内还有人物、故事、山水等。北京颐和园中的长廊就是苏式彩画的样板画廊。

金琢墨苏画是苏式彩画中最华丽的一种,用金量大、画面精致;金线苏画则是一种常用的苏式彩画,主要线条用贴金法绘制;其他还有海漫苏画等。这些苏画内均无大型花型,图案也较简单。

4. 地方彩画

地方彩画是根据国内局部地方习俗审美而成的一种彩画技术,多由苏式、旋子、和玺彩画演变而成。其美观程度与其他彩画效果大致一样,同时也体现了当地的特色习俗与审美。与其他彩画相比,地方彩画的规矩性较为模糊。

第 3 章

建筑类文物数字化主要技术内容

3.1 控制测量

建筑类文物是人类文化遗产的重要组成部分,其保护和修复工作需要精确地控制测量技术手段。目前,常用的控制测量技术手段主要包括全站仪、水准仪、实时动态定位(real time kinematic,RTK)等。

全站仪是一种高精度的测量仪器,可以实现建筑物各个部位的坐标测量和高度测量,精度高,测量速度快,适用于大规模建筑物的测量和监测。

水准仪是一种用于测量建筑物高度差的测量仪器,可以实现建筑物地面高度、建筑物屋顶高度和各个部位的高度等测量,精度高,适用于建筑物高度差较大的测量和监测。

RTK 是基于北斗卫星定位技术的实时动态差分测量技术,可以实现建筑物的高精度定位和测量,精度高、测量速度快,适用于室外建筑物的测量和监测。

控制测量技术手段的应用可以为文物保护和修复提供准确的数据和信息,为保护文物提供科学的依据,同时也可以保证文物修复的精度和质量。全站仪、水准仪、RTK 等技术手段的应用,不仅提高了测量的精度和效率,也为建筑类文物的保护和修复工作提供了更加完善的技术支持。

控制测量信息在建筑类文物中用于建立标准坐标系统,一般采用全球导航卫星系统(global navigation satellite system,GNSS)实时动态定位(GNSS-RTK)测量系统,测定基础坐标点的平面位置采用水准测量方式获取建筑类文物高程基准,这些数据将作为航拍、三维扫描、摄影测量等的测绘基础。

3.2 摄影测量

3.2.1 倾斜摄影测量

倾斜摄影测量的主要目的是获取建筑类文物保护范围及建设控制地带范围内赋存环境信息及地形地貌，采集全面的赋存环境信息并制作三维实景模型。

倾斜摄影测量技术采用多旋翼无人机五向镜头拍摄的方式获取地理信息，是数字化采集工作的首级信息获取单位。对倾斜航片进行图像处理和分析，得出建筑物的形态、尺寸、结构等信息，将其作为贴近摄影测量、近景摄影测量的坐标来源与基础信息内容。

相比于传统的控制测量技术手段，倾斜摄影测量技术可以实现对建筑物的各个细节的测量，例如屋顶、悬鱼、山花等。同时，倾斜摄影测量技术可以帮助保护人员快速获得建筑类文物的尺寸信息及建筑周边信息。

3.2.2 贴近摄影测量

贴近摄影测量的主要目的是提高摄影测量精度，获取精细化建筑类文物本体三维实景模型，补充墙体立面、地面、台基等建筑类文物本体的影像数据，并制作三维实景模型。

贴近摄影测量采用多旋翼无人机使用 KML 文件导入方式进行航线规划，拍摄建筑文物的照片，利用计算机软件进行图像处理和分析，得出建筑物的形态、尺寸、结构等信息。贴近摄影测量的主要是为获取建筑类文物外表面纹理信息数据。

相比于传统的控制测量技术手段，贴近摄影测量技术可以实现对建筑物的各个细节进行测量，例如蹲兽、瓦当、塔刹、山花、悬鱼等建筑类文物较为精细的部分。同时，贴近摄影测量技术可以帮助保护人员提供建筑类文物外表面装饰信息，获取完整建筑外表面模型内容，为勘察、测量提供基础信息。

3.2.3 近景摄影测量

近景摄影测量主要目的是获取仰角数据、古建筑附属文物精细化三维实景模型及纹理信息。近景摄影测量及纹理信息获取工作使用高清摄影技术，采用数码单反照相机记录文物建筑表面的全方位、多角度彩色照片，并使用专用软件计算生成精细三维模型，具有提高模型精度及展示信息的作用。

近景摄影测量技术是一种新兴的控制测量技术手段,利用高分辨率数字相机对建筑物进行拍摄,再利用计算机软件进行图像处理和分析,得出建筑物的形态、尺寸、结构等信息。近景摄影测量技术可以实现对建筑文物的三维形态、构造、细节等方面的高精度测量。

相比于传统的控制测量技术手段,近景摄影测量技术可以实现对建筑物的细节进行测量,例如雕塑、绘画、文字、柱础、窗花等。同时,近景摄影测量技术可以帮助保护人员获取附属文物图件、线划图等信息,为病害识别、绘制图案、监测内容实施提供数据支撑。

3.3 三维激光扫描

三维激光扫描具有以下几个方面的意义。

1. 保护文物

三维激光扫描技术可以对建筑类文物进行非接触式、精确的数字化保护,保护文物的原貌和完整性,避免传统的保护方式对文物造成损害。三维激光扫描技术可以将建筑类文物的三维数据保存下来,以丰富我们的文化遗产库;也可以更加准确地分析文物的损伤情况,为文物的修复提供更加精细的数据支持。

2. 提供数据支持

三维激光扫描技术可以为文物的研究提供更多的数据支持,例如在建筑结构、构造方式、建筑材料等方面进行深入研究,进一步了解文物的历史和文化价值;也可以为建筑学、艺术史、考古学等学科提供更加精细的研究数据。

3. 教育意义

三维激光扫描技术可以获取建筑类文物的数字化数据,利用数据可以制作成虚拟现实模型,为文物的展示和教育提供更多可能性,让观众更加直观地了解文物的历史和文化价值,促进文化传承和人文交流。

3.3.1 大空间三维激光扫描

大空间三维激光扫描技术在实施过程中可以做到以下几个方面。

1. 建筑类文物本体及构造间文物情况

大空间三维激光扫描技术可以获取建筑类文物本体及构造间文物情况,并获取三维点云数据,后续可以对该数据进行分析剖切,获取多角度建筑构造关系。

2. 建筑类文物几何结构信息

大空间三维激光扫描技术可以获取建筑类文物几何结构信息,以此分析建筑本身形变情况及文物内部构件信息,后续可生成图件。

3. 建筑内部及其保存壁画整体关系

大空间三维激光扫描技术可以对建筑内部及其保存壁画整体关系进行三维数字化测绘,以记录文物壁画的空间关系和三维点云数据,从而反映建筑类文物与内部物体之间的水平及竖向高度关系、壁画与其载体古建筑之间的空间位置关系、建筑的几何特征信息等内容。

3.3.2 精细化三维激光扫描

精细化三维激光扫描可以获取建筑类文物精细化构件及附属文物信息,特别是获取文物优于 0.5 mm 的几何结构信息、建筑上雕花等细小雕饰三维彩色模型。高分辨率、高精度手持三维激光扫描仪能够准确识别锋利的雕刻痕迹和木构件的细小凸起,特别适合复杂的细节记录,是近景摄影测量和大空间三维激光扫描成果的高效补充。

第 4 章

建筑类文物数字化工程控制测量

4.1 控制测量原理

GNSS 采用空间距离后方交会的原理进行测站点的定位测量,测量方法为伪距测量及载波相位测量,定位方法为码相位定位及载波相位定位。

4.2 坐标系

坐标系是常用辅助方法,常见的坐标系有直线坐标系、平面直角坐标系等。为了说明质点的位置及运动的快慢、方向等,必须选取坐标系。在参照系中,为确定空间一点的位置,按规定方法选取的一组的有次序数据,叫作坐标。在某一问题中规定坐标的方法就是该问题所用的坐标系。从广义上讲,事物的一切抽象概念都是参照于其所属的坐标系存在的,同一个事物在不同的坐标系中就会用不同的抽象概念来表示,坐标系所表达的事物有联系的抽象概念的数量(即坐标轴的数量)就是该事物所处空间的维度。两件能相互改变的事物必须在同一坐标系中。

坐标系的种类很多,常用的坐标系有笛卡尔直角坐标系、平面极坐标系、柱面坐标系(或称柱坐标系)、球面坐标系(或称球坐标系)等。中学物理学中常用的坐标系为直角坐标系,或称为正交坐标系。在建筑类文物控制测量中,坐标系均为球面坐标系。

4.2.1 平面坐标系

4.2.1.1 1954 年北京坐标系

新中国成立后我国大地测量进入了全面发展时期,在全国范围内开展了正规的、全面的测绘工作,迫切需要建立一个参心大地坐标系。鉴于当时的历史条件,暂时采用了克拉索夫斯基椭球参数,通过计算建立了我国大地坐标系,定名为 1954 年北京坐标系。其中高程异常是以苏联 1955 年大地水准面差距重新平差结果为依据,按我国的天文水准路线换算过来的。因此,1954 年北京坐标系可以认为是苏联 1942 年坐标系的延伸。它的原点不在北京,而在普尔科沃,相应的参考椭球为克拉索夫斯基椭球。

1954 年北京坐标系建立,我国依据这个坐标系建成了全国天文大地网,完成了大量的测绘任务。但是随着测绘新理论、新技术的不断发展,人们发现该坐标系存在以下几个方面的缺点。

(1)椭球参数有较大误差。克拉索夫斯基椭球参数与现代精确的椭球参数相比,长半轴约长 109 m。

(2)参考椭球面与我国大地水准面存在着自西向东明显的系统性的倾斜。在东部地区大地水准面差距最大达 +68 m。这使得大比例尺地图反映地面的精度受到影响,同时也对观测元素的归算提出了严格要求。

(3)几何大地测量和物理大地测量应用的参考面不统一。我国在处理重力数据时采用赫尔默特 1900~1909 年正常重力公式,与这个公式相应的赫尔默特扁球不是旋转椭球,它与克拉索夫斯基椭球是不一致的,这给实际工作带来了麻烦。

(4)定向不明确。椭球短轴的指向既不是国际上较普遍采用的国际协议(习用)原点 CIO(conventional international origin),也不是我国地极原点 JYD1968.0;起始大地子午面也不是国际时间局 BIH(Bureau International de l'Heure)所定义的格林威治(原格林尼治)平均天文台子午面,从而给坐标换算带来一些不便和误差。

另外,鉴于该坐标系是按局部平差逐步提供大地点成果的,因而不可避免地出现一些矛盾和不够合理的地方。

随着我国测绘事业的发展,已经具备条件利用我国测量资料和其他有关资料,建立起适合我国情况的新的坐标系。

4.2.1.2　1980 年国家大地坐标系(1980 西安坐标系)

为了适应我国大地测量发展的需要,在 1978 年 4 月于西安召开的全国天文大地网整体平差会议上,参加会议的专家对建立我国比 1954 年北京坐标系更精确的新大地坐标系进行了讨论和研究。到会专家普遍认为 1954 年北京坐标系相对应的椭球参数不够精确,其椭球面与我国大地水准面差距较大,在东部经济发达地区差距高达 60 余米,因而建立我国新的大地坐标系是十分必要的。

该次会议关于建立新大地坐标系提出以下内容。

(1)建立 1980 年国家大地坐标系。全国天文大地网整体平差要在新的坐标系的参考椭球面上进行。为此,首先建立一个新的大地坐标系,并命名为 1980 年国家大地坐标系。

(2)选址及椭球参数。1980 年国家大地坐标系的大地原点定在我国中部,具体选址是陕西省泾阳县永乐镇。大地高程基准采用1956年黄海高程基准。采用国际大地测量和地球物理联合会（International Union of Geodesy and Geophysics,IUGG）1975年推荐的4个地球椭球基本参数，并根据这4个参数求解椭球扁率和其他参数。

地球椭球4个基本参数：

长半轴 a = 6 378 140 m；

地心引力常数 $G_M = (398\ 600.5 \times 10^9 \pm 0.3 \times 10^9)\ \text{m}^3/\text{s}^2$；

地球重力常二阶带谐系数 $J_2 = 1.082\ 63 \times 10^{-3}$；

地球自转角速度 $\omega = 7.292\ 115 \times 10^{-5}$ rad/s。

根据以上4个参数可以进一步求得：地球椭球扁率 $f = 1/298.257$。

1980年国家大地坐标系的椭球短轴平行于地球质心指向我国地极原点JYD1968.0方向，大地起始子午面平行于格林尼治平均天文台的子午面。

（3）以我国范围内高程异常值平方和等于最小为条件求解椭球定位参数。

1980年国家大地坐标系是在1954年北京坐标系基础上建立起来的。该坐标系建立后，实施了全国天文大地网平差。平差后提供的大地点成果属于1980年西安坐标系，它和原1954年北京坐标系的成果是不同的。这个差异除了由于它们各属不同椭球与不同的椭球定位、定向外，还因为前者是经过整体平差，而后者只是作了局部平差。

不同坐标系统的控制点坐标可以通过一定的数学模型，在一定的精度范围内进行互相转换，使用时必须注意所用成果相应的坐标系统。

4.2.1.3 WGS-84 世界大地坐标系

1984年世界大地坐标系 WGS-84（World Geodetic System-1984 Coordinate System）是一个协议地球参考系。该坐标系的原点是地球的质心 O，z 轴指向 BIH1984.0 定义的协议地球极（Conventional Terrestrial Pole，CTP）方向，x 轴指向 BIH1984.0 零度子午面和 CTP 赤道的交点，y 轴和 z 轴、x 轴构成右手坐标系（图4-1）。

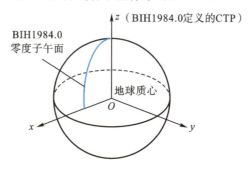

图 4-1　WGS-84 坐标系

WGS-84 坐标最初是由美国国防部(United States Dapartment of Defense,DOD)根据子午仪导航卫星系统(Navy Navigation Statellite System,NNSS)的多普勒观测数据所建立的,从 1987 年 1 月开始作为 GNSS 卫星所发布的广播星历的坐标参照基准,采用的 4 个基本参数是:

长半轴 $a=6\,378\,137$ m;

地心引力常数 $G_M=(398\,600.5\times10^9\pm0.06\times10^9)\,\text{m}^3/\text{s}^2$;

正常化二阶带谐系数 $\bar{C}_{2,0}=-0.484\,166\,85\times10^{-3}$;

地球自转角速度 $\omega=7.292\,115\times10^{-5}$ rad/s。

根据以上 4 个参数可以进一步求得:地球椭球扁率 $f=1/298.257\,223\,563$。

4.2.1.4 CGCS2000 **国家大地坐标系**

CGCS2000 是全球地心坐标系在我国的具体体现,其原点为包括海洋和大气的整个地球的质量中心。z 轴指向 BIH1984.0 定义的 CTP,x 轴由原点指向格林尼治参考子午线与地球赤道面的交点,y 轴与 z 轴、x 轴构成右手正交坐标系。

CGCS2000 对应的椭球为一等位旋转椭球,其几何中心与坐标系的原点重合,旋转轴与坐标系的 z 轴一致,采用的地球椭球参数如下:

长半轴 $a=6\,378\,137$ m;

地心引力常数 $G_M=398\,600.4418\times10^9\,\text{m}^3/\text{s}^2$;

地球自转角速度 $\omega=7.292\,115\times10^{-5}$ rad/s。

地球椭球扁率 $f=1/298.257\,222\,101$。

4.2.2 高程基准

作为一个国家或地区,必须确定一个统一的高程基准面,以便确定某山或某物的高度。国家水准原点对于我国的生产建设、国防建设、科学研究均具有重要的科学意义和价值。

根据验潮站长年获取的潮位资料,经多次严格的测量计算,将青岛验潮站海平面作为我国高程基准。国家测绘局将位于青岛市观象山中巅的一幢小石屋里旱井底部一块球形标志物——水袋玛瑙的顶端(地理坐标为东经 120°19′08″,北纬 36°04′10″)确定为"中华人民共和国水准原点"。全国的海拔高度都以这一原点为坐标起点进行测量,然后加上 72.260 m 便得到海拔高度。例如世界最高峰珠穆朗玛峰的海拔高度便是从位于青岛的这一国家水准原点测量计算出来的。

4.2.2.1 1956 黄海高程基准

"1956 年黄海高程基准"是在 1956 年确定的,根据青岛验潮站 1950 年到 1956 年的黄海验潮资料,求出该站验潮井里横按铜丝的高度为 3.61 m,所以就确定这个钢丝以下 3.61 m 处为黄海平均海水面。从这个平均海水面起,于 1956 年推算出青岛水准原点的高程为 72.289 m。我国测量的高程都是根据这一高程系推算的。

4.2.2.2 1985 国家高程基准

由于"1956 年黄海高程基准"所依据的青海验潮站的资料时间较短等原因,中国测绘主管部门决定重新计算黄海平均海面,以青岛验潮站 1952~1979 年的潮汐观测资料为依据重新计算高程基准,称为 1985 国家高程基准。

1985 年国家高程基准已于 1987 年 5 月开始启用,1956 年黄海高程基准同时废止。1985 国家高程系统的水准原点的高程是 72.260 m。

1985 国家高程基准=1956 年黄海高程−0.029 m。

4.2.3 自定义坐标系

以测站为原点,测站上的法线(或垂线)为 z 轴方向,北方向为 x 轴,东方向为 y 轴,建立的坐标系就称为法线(或垂线)站心坐标系,常用来描述参照于测站点的相对空间位置关系,或者作为坐标转换的过渡坐标系。

如图 4-2 所示,以测站 P 为原点,P 点的垂线为 z 轴(指向天顶为正),子午线方向为 x 轴(向北为正),y 轴(向东为正)与 x 轴、z 轴垂直构成左手坐标系。这种坐标系就称为垂线站心直角坐标系(或站心天文坐标系)。

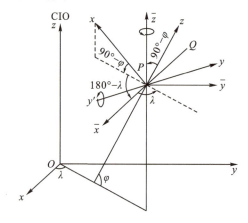

图 4-2 垂线站心直角坐标系

空间任意一点 Q 相对于 P 的位置可通过地面观测值——斜距 d、天文方位角 α 和天顶距 z 来确定，如图 4-3 所示。

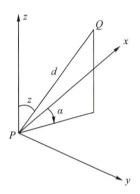

图 4-3 空间点 Q 相对位置

空间任意一点 Q 相对于点 P 的坐标可写为

$$\begin{bmatrix} x \\ y \\ z \end{bmatrix}_{PQ} = \begin{bmatrix} d\cos\alpha\sin z \\ d\sin\alpha\sin z \\ d\cos z \end{bmatrix}_{PQ} \tag{4-1}$$

为了求出站心与地心直角坐标系之间的换算关系，首先将 $P\text{-}xyz$ 坐标系的 y 轴反向，得 y'。设点 P 的天文经纬度为 λ、φ，再绕 y' 轴旋转 $(90°-\varphi)$，最后再绕 z 轴旋转 $(180°-\lambda)$，即可得到

$$\begin{bmatrix} X_Q - X_P \\ Y_Q - Y_P \\ Z_Q - Z_P \end{bmatrix} = \begin{bmatrix} \cos(180°-\lambda) & \sin(180°-\lambda) & 0 \\ -\sin(180°-\lambda) & \cos(180°-\lambda) & 0 \\ 0 & 0 & 0 \end{bmatrix}$$

$$\cdot \begin{bmatrix} \cos(90°-\varphi) & 0 & -\sin(90°-\varphi) \\ 0 & 1 & 0 \\ \sin(90°-\varphi) & 0 & \cos(90°-\varphi) \end{bmatrix} \begin{bmatrix} 1 & 0 & 0 \\ 1 & -1 & 0 \\ 0 & 0 & 1 \end{bmatrix} \begin{bmatrix} x \\ y \\ z \end{bmatrix}_{PQ} \tag{4-2}$$

引入旋转矩阵和反向矩阵符号，得到

$$\boldsymbol{R}_y(90°-\varphi) = \begin{bmatrix} \cos(90°-\varphi) & 0 & -\sin(90°-\varphi) \\ 0 & 1 & 0 \\ \sin(90°-\varphi) & 0 & \cos(90°-\varphi) \end{bmatrix} \tag{4-3}$$

$$\boldsymbol{R}_z(180°-\lambda) = \begin{bmatrix} \cos(180°-\lambda) & \sin(180°-\lambda) & 0 \\ -\sin(180°-\lambda) & \cos(180°-\lambda) & 0 \\ 0 & 0 & 1 \end{bmatrix} \tag{4-4}$$

$$\boldsymbol{P}_y = \begin{bmatrix} 1 & 0 & 0 \\ 0 & -1 & 0 \\ 0 & 0 & 1 \end{bmatrix} \quad (4-5)$$

并令

$$\boldsymbol{T} = \boldsymbol{R}_x(180°-\lambda)\boldsymbol{R}_{y'}(90°-\varphi)\boldsymbol{P}_y = \begin{bmatrix} -\sin\varphi\cos\lambda & -\sin\lambda & \cos\varphi\cos\lambda \\ -\sin\varphi\sin\lambda & \cos\lambda & \cos\varphi\sin\lambda \\ \cos\varphi & 0 & \sin\varphi \end{bmatrix}$$

则有

$$\begin{bmatrix} X_Q - X_P \\ Y_Q - Y_P \\ Z_Q - Z_P \end{bmatrix} = \boldsymbol{T} \begin{bmatrix} x \\ y \\ z \end{bmatrix}_{PQ} \quad (4-6)$$

或

$$\begin{bmatrix} X_Q \\ Y_Q \\ Z_Q \end{bmatrix} = \begin{bmatrix} X_P \\ Y_P \\ Z_P \end{bmatrix} + \begin{bmatrix} -\sin\varphi\cos\lambda & -\sin\lambda & \cos\varphi\cos\lambda \\ -\sin\varphi\sin\lambda & \cos\lambda & \cos\varphi\sin\lambda \\ \cos\varphi & 0 & \sin\varphi \end{bmatrix} \begin{bmatrix} x \\ y \\ z \end{bmatrix}_{PQ} \quad (4-7)$$

由于 $\boldsymbol{T}$ 为正交矩阵,故有 $\boldsymbol{T}^{-1} = \boldsymbol{T}^{\mathrm{T}}$,因而有

$$\begin{bmatrix} x \\ y \\ z \end{bmatrix}_{PQ} = \begin{bmatrix} -\sin\varphi\cos\lambda & -\sin\varphi\sin\lambda & \cos\varphi \\ -\sin\lambda & \cos\lambda & 0 \\ \cos\varphi\cos\lambda & \cos\varphi\sin\lambda & \sin\varphi \end{bmatrix} \begin{bmatrix} X_Q - X_P \\ Y_Q - Y_P \\ Z_Q - Z_P \end{bmatrix} \quad (4-8)$$

式(4-7)与式(4-8)即为垂线站心坐标系与地心坐标系之间的换算公式。

4.3 控制测量

(1)平面控制网可按精度划分为等与级两种规格,由高向低依次宜为二、三、四等和一、二级。

(2)平面控制网的建立,可采用卫星定位测量、导线测量、三角形网测量等方法。

(3)卫星定位测量可用于二、三、四等和一、二级控制网的建立;导线测量可用于三、四等和一、二级控制网的建立;三角形网测量可用于二、三、四等和一、二级控制网的建立。

(4)各等级卫星定位测量控制网的主要技术指标应符合表4-1的规定。

表 4-1 各等级卫星定位测量控制网的主要技术指标

等级	基线平均长度/km	固定误差 A/mm	比例误差系数 B/(mm·km⁻¹)	约束点间的边长相对中误差	约束平差后最弱边相对中误差
二等	9	≤10	≤2	≤1/250 000	≤1/120 000
三等	4.5	≤10	≤5	≤1/150 000	≤1/70 000
四等	2	≤10	≤10	≤1/100 000	≤1/40 000
一级	1	≤10	≤20	≤1/40 000	≤1/20 000
二级	0.5	≤10	≤40	≤1/20 000	≤1/10 000

4.3.1 平面控制测量

(1)各等级控制网的基线精度按式(4-9)计算：

$$\sigma = \sqrt{A^2 + (B \cdot d)^2} \tag{4-9}$$

式中：σ——基线长度中误差(mm)；

A——固定误差(mm)；

B——比例误差系数(mm·km⁻¹)；

d——基线平均长度(km)。

(2)控制网的测量中误差应按式(4-10)计算：

$$m = \sqrt{\frac{1}{3N}\left[\frac{WW}{n}\right]} \tag{4-10}$$

式中：m——控制网的测量中误差(mm)；

N——控制网中异步环的个数；

n——异步环的边数；

W——异步环环线全长闭合差(mm)。

(3)控制网的测量中误差应满足相应等级控制网的基线精度要求，并应符合式(4-11)的规定：

$$m \leqslant \sigma \tag{4-11}$$

(4)各等级卫星定位观测控制网的观测宜采用静态作业模式按表4-2的技术要求执行。

表 4-2　各等级卫星定位观测控制网观测的技术要求

等级		二等	三等	四等	一级	二级
接收机类型		多频	多频或双频	多频或双频	多频或单频	多频或单频
仪器标称精度		3 mm+ $1\times10^{-6}d$	5 mm+ $2\times10^{-6}d$	5 mm+ $5\times10^{-6}d$	10 mm+ $5\times10^{-6}d$	10 mm+ $5\times10^{-6}d$
观测量		载波相位	载波相位	载波相位	载波相位	载波相位
卫星高度角/(°)	静态	≥15	≥15	≥15	≥15	≥15
有效观测卫星数		≥5	≥5	≥4	≥4	≥4
有效观测时段长度/min		≥30	≥20	≥15	≥10	≥10
数据采样间隔/s		10~30	10~30	10~30	5~15	5~15
空间位置精度因子(PDOP)		≤6	≤6	≤6	≤8	≤8

注：表中 d 为测量得到的两点间距离，单位为 km。

（5）卫星定位控制测量的测站作业应符合下列规定。

①观测前，应对接收机进行预热和静置，同时应检查电池的容量、接收机的内存和可储存空间是否充足。

②天线安置的对中偏差不应大于 2 mm，天线高的量取应精确至 1 mm。

③观测中，不应在接收机近旁使用无线电通信工具，并应禁止人员和其他物体触碰天线或阻挡卫星信号。

④遇雷雨等恶劣天气时，应停止作业。

⑤作业过程中不应进行接收机关闭又重新启动、改变卫星截止高度角、改变数据采样间隔和改变天线位置等操作。

⑥应做好测站记录。

（6）数据处理准备应符合下列规定。

①不同定位系统或不同品牌接收机联合作业时的观测数据，应转换成统一的标准格式。

②应屏蔽原始数据中的无效观测值和冗余信息。

③应汇总整理测站记录。

（7）基线解算应符合下列规定。

①基线解算可根据观测等级和实际情况选择单基线解算模式、多基线解算模式或整体解算模式。

②基线解算应采用双差固定解。

③基线解算结果应包括基线向量的三维坐标增量及其方差-协方差阵和基线长度等信息。

(8)卫星定位控制测量外业观测的全部数据应经同步环、异步环或附合线路、重复基线检核,并应符合下列规定。

①同步环各坐标分量闭合差及环线全长闭合差,应分别满足下列公式的要求:

$$W_X \leqslant \frac{\sqrt{n}}{5}\sigma \qquad (4-12)$$

$$W_Y \leqslant \frac{\sqrt{n}}{5}\sigma \qquad (4-13)$$

$$W_Z \leqslant \frac{\sqrt{n}}{5}\sigma \qquad (4-14)$$

$$W \leqslant \frac{\sqrt{3n}}{5}\sigma \qquad (4-15)$$

$$W = \sqrt{W_X^2 + W_Y^2 + W_Z^2} \qquad (4-16)$$

式中:n——同步环中基线边的条数;

W_X、W_Y、W_Z——同步环各坐标分量闭合差(mm);

W——同步环环线全长闭合差(mm)。

(9)异步环或附合线路各坐标分量闭合差及全长闭合差,应分别满足下列公式的要求:

$$W_X \leqslant 2\sqrt{n}\sigma \qquad (4-17)$$

$$W_Y \leqslant 2\sqrt{n}\sigma \qquad (4-18)$$

$$W_Z \leqslant 2\sqrt{n}\sigma \qquad (4-19)$$

$$W \leqslant 2\sqrt{3n}\sigma \qquad (4-20)$$

$$W = \sqrt{W_X^2 + W_Y^2 + W_Z^2} \qquad (4-21)$$

式中:n——异步环或附和线路中基线边的条数;

W——异步环或附和线路全长闭合差(mm)。

(10)重复基线的长度较差,应满足下式的要求:

$$\Delta d \leqslant 2\sqrt{2}\sigma \qquad (4-22)$$

式中:Δd——重复基线的长度较差。

4.3.2 高程控制测量

(1)高程控制测量精度等级宜划分为二、三、四、五等。各等级高程控制宜采用水准测量,四等及以下等级也可采用电磁波测距三角高程测量,五等还可采用卫星定位高程测量。

(2)首级高程控制网的等级应根据工程规模、控制网的用途和精度要求选择。首级网应布设成环形网,加密网宜布设成附合路线或结点网。

(3)测区的高程系统宜采用1985国家高程基准。在已有高程控制网的地区测量时,可沿用原有的高程系统;小测区不具备联测条件时,也可采用假定高程系统。

(4)高程控制点间的距离,一般地区应为1~3 km,工业厂区、城镇建筑区宜小于1 km。一个测区至少应有3个高程控制点。

(5)水准测量的主要技术要求应符合表4-3的规定。

表4-3 水准测量的主要技术要求

等级	每千米高差全中误差/mm	路线长度/km	水准仪级别	水准尺	观测次数		往返较差、附合或环线闭合差	
					与已知点联测	附和或环线	平地/mm	山地/mm
二等	2	—	DS1、DSZ1	条码因瓦、线条式因瓦	往返各一次	往返各一次	$4\sqrt{L}$	—
三等	6	≤50	DS1、DSZ1	条码因瓦、线条式因瓦	往返各一次	往一次	$12\sqrt{L}$	$4\sqrt{n}$
			DS3、DSZ3	条码式玻璃钢、双面		往返各一次		
四等	10	≤16	DS3、DSZ3	条码式玻璃钢、双面	往返各一次	往一次	$20\sqrt{L}$	$6\sqrt{n}$
五等	15	—	DS3、DSZ3	条码式玻璃钢、单面	往返各一次	往一次	$30\sqrt{L}$	—

注:①结点之间或结点与高级点之间的路线长度不应大于表中规定的70%;

②L为往返测段、附合或环线的水准路线长度/km,n为测站数;

③数字水准测量和同等级的光学水准测量精度要求相同,作业方法在没有特指的情况下均称为水准测量;

④DSZ1级数字水准仪若与条码式玻璃钢水准尺配套,精度降低为DSZ3级;

⑤条码式因瓦水准尺和线条式因瓦水准尺在没有特指的情况下均称为因瓦水准尺。

(6)水准测量所使用的仪器及水平尺应符合下列规定。

①水准仪视准轴与水准管轴的夹角i,DS1、DSZ1型不应超过15″,DS3、DSZ3型不应超过20″。

②补偿式自动安平水准仪的补偿误差$\Delta\alpha$,二等水准不应超过0.2″,三等水准不应超过0.5″。

③水准尺上的米间隔平均长与名义长之差,线条式因瓦水准尺不应超过0.15 mm,条形

码尺不应超过 0.10 mm,木质双(单)面水准尺不应超过 0.50 mm。

(7)水准点的布设与埋石应符合高程控制点间距离及个数要求,并应符合下列规定。

①点位应选在稳固地段或稳定的建筑物上,并应方便寻找、保存和引测;采用数字水准仪作业时,水准路线还应避开电磁场的干扰。

②宜采用水准标石,也可采用墙水准点;标志及标石的埋设应符合规定。

③埋设完成后,二、三等点应绘制点之记,四等及以下控制点可根据工程需要确定,必要时还应设置指示桩。

(8)水准观测应在标石埋设稳定后进行。水准观测宜采用数字水准仪和条形码水准尺作业,也可采用光学水准仪和线条式因瓦尺或黑红面水准尺作业。

(9)数字水准仪观测的主要技术要求应符合表 4-4 的规定。

表 4-4 数字水准观测的主要技术要求

等级	水准仪级别	水准尺类型	视线长度/m	前后视的距离较差/m	前后视的距离较差累积/m	视线离地面最低高度/m	测站两次观测的高差较差/mm	数字水准仪重复测量的次数
二等	DSZ1	条码式因瓦尺	50	1.5	3.0	0.55	0.7	2
三等	DSZ1	条码式因瓦尺	100	2.0	5.0	0.45	1.5	2
四等	DSZ1	条码式因瓦尺	100	3.0	10.0	0.35	3.0	2
	DSZ1	条码式玻璃钢尺	100	3.0	10.0	0.35	5.0	2
五等	DSZ3	条码式玻璃钢尺	100	近似相等	—	—	—	—

注:①二等数字水准测量观测顺序,奇数站应为后—前—前—后,偶数站应为前—后—后—前。

②三等数字水准测量观测顺序应为后—前—前—后;四等数字水准测量观测顺序应为后—后—前—前。

③水准观测时,若受地面振动影响时,应停止测量。

4.4 控制点的布设

4.4.1 使用年限

1. 控制点分类

在文物控制测量中,控制点是非常重要的。控制点的使用年限应根据项目作业需求及内容进行设置,一般分为临时使用点、监测点和永久点。

(1)临时使用点:使用年限为 1~2 年,主要用于临时性测量和控制,例如短期考古发掘等。

(2)监测点:使用年限为3~5年,用于长期监测文物的形变和移动情况,例如建筑类文物的变形、开裂等。

(3)永久点:使用年限为20年以上,主要用于长期控制和监测,例如建筑类文物的静力水准测量等。

2.注意事项

在控制点的设计过程中,应根据文物作业内容及要求进行控制点使用年限的设置。设置控制点应注意以下几个方面。

(1)防止对文物本体造成的影响。文物控制布设时,控制点基坑制作时的震动、材料、重量等对文物本体会产生影响,设置合理的使用年限可以减少对文物本体的影响。

(2)避免控制点点位过大。控制点布设年限过长,会导致控制点点位过大,影响游客参观、干扰游客及管理人员正常出行、影响文物本体与周边环境的美观程度。因此,应根据实际情况和需求,合理设置控制点的使用年限。

4.4.2 调研冻土深度

冻土一般是指温度在0℃以下,并含有冰的各种岩土和土壤。温度在0℃以下,但不含冰的岩土和土壤,则称为寒土。寒土可分为不含冰和重力水的干寒土,以及不含冰但含负温盐水或矿物质的湿寒土。在自然界中,冻土层或冻土区既包含冻土本身,也包括寒土在内,因此,冻土区指岩土温度在0℃以下的那部分地壳(不论岩土中是否含有冰)。岩土温度为正温的称为非冻土,非冻土中曾经处于冻结状态的岩土称为融土。

在文物控制点的布设中,应注意冻土的存在。由于冻土的温度较低,会导致地表热胀冷缩,因此,文物控制点的布设深度应该最少要超过冻土深度,以防止冬季由于地表热胀冷缩对控制点深度的影响,保证控制点的稳定性和准确性。在实际工作中,应该根据具体情况设置合理的控制点深度,以确保文物测量的准确性。

4.4.3 GNSS选点及埋石

1.GNSS选点准备工作应符合下列规定

(1)技术设计前应收集测区内及周边地区的有关资料,资料应包括下列内容。

①测区1∶5 000~1∶100 000比例尺地形图或影像图。

②测区及周边地区的控制测量资料,包括平面控制网和水准路线网成果、技术设计、技术总结、点之记等资料。

③与测区有关的城市总体规划和近期城市建设发展资料。

④与测区有关的交通、通信、供电、气象、地质、地下水和冻土深度等资料。

(2)应根据项目目标和测区的自然地理情况进行网形及点位设计,并应进行控制网优化和精度估算。

2.GNSS 选点应符合下列规定

(1)应选在基础坚实稳定,易于长期保存,并有利于安全作业的地方。

(2)应避开断层破碎带、易于发生滑坡或沉陷等地质构造不稳定区域和地下水位变化较大的地点,避开铁路、公路等易产生振动的地带。

(3)与周围微波站、无线电发射塔、变电站等大功率无线电发射源的距离应大于 200 m,与高压输电线、微波通道的距离应大于 100 m。

(4)周围应便于安置接收设备并方便作业,视野应开阔;附近不应有大型建筑物、玻璃幕墙以及大面积水域等强烈干扰接收机接收卫星信号的物体。

(5)点位应选择在交通便利,并有利于扩展和联测的地点。

(6)视场内障碍物的高度角不宜大于 15°。

(7)对符合要求的已有控制点,经检查点位稳定可靠的,宜利用。

(8)点位选定后应现场作标记、拍摄照片、绘制略图。

3.GNSS 点命名应符合下列规定

(1)点名可采用村名、山名、地名或单位名等表示。

(2)当利用原有旧点位时,宜沿用老点名,当确需改名时,应在新点名后备注旧点名称和旧点等级。

4.GNSS 点标石的埋设应符合下列要求

(1)城市各等级 GNSS 控制点应埋设永久性测量标志,标石的标志应满足平面、高程测量共用的要求。不同等级 GNSS 点的标石及控制规格应符合规定。

(2)控制点的中心标志应用铜、不锈钢或其他耐腐蚀、耐磨损的材料制作,并应安放于中心位置,且平整垂直、镶接牢固;控制点的标志中心应刻有清晰、精细的十字线或嵌入直径小于 0.5 mm 的不同颜色的金属;标志顶部应为圆球状,并应高出标石面。

(3)控制点标石可采用混凝土预制或现场灌制;利用基岩、混凝土或沥青路面时,可现场凿孔灌注混凝土埋设标志;高层建筑物顶标石应牢固结合在楼板混凝土面上;利用硬质地面时,可在地面上刻正方形方框,其中心灌入直径不大于 2 mm、长度不短于 30 mm 的铜、不锈钢或其他耐腐蚀、耐磨损的条状材料作为标志。

(4)标石的底部应埋设在冻土层以下,并应浇筑混凝土基础。

(5)地质坚硬处埋设的标石,可在混凝土浇筑 1 周后用于观测;除地质坚硬处外,四等及以上 GNSS 控制点标石埋设后,应经过 1 个雨季和 1 个冻解期后方可用于观测。

(6)标石埋设过程中,应实地拍摄建造过程中各阶段的照片。完成后,应拍摄控制点近景和远景照片。

(7)标石埋设后应在实地绘制控制点点之记,并应记录其概略坐标,对具备拴距条件的,拴距不应少于 3 个方向,拴距方向交角宜为 60°～150°,拴距误差应小于 10 cm;对二等、三等控制点不具备拴距条件的,应埋设指示标志。控制点点之记的绘制应符合规定。

(8)埋设 GNSS 观测墩应符合规定。

(9)城市首级 GNSS 控制点标石埋设后应办理测量标志委托保管。

选点与埋石结束后,应提交控制点点之记、控制点选点网图、埋石各阶段的照片、测量标志委托保管书和工作总结报告等成果。

4.4.4 GNSS 控制点的标志、标石和造埋规格

1. GNSS 控制点

GNSS 控制点的标志宜符合下列规定,如图 4-4 所示。

(1) GNSS 控制点标志宜为不锈钢材质,应同时符合平面、高程测量的要求。

(2)标志顶部应为圆球状,直径宜为 20 mm,并应高出标石面 5 mm;标志上部宜为圆台状,上圆直径宜为 50 mm,下圆直径宜为 60 mm,高度为 10 mm。

(3)标志下部宜为圆柱状,圆直径宜为 40 mm,高度宜为 10 mm;圆台与圆柱之间的长度宜为 50 mm。

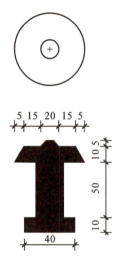

图 4-4 GNSS 控制点标志(单位:mm)

2. 普通地面标石造埋

普通地面标石造埋规格宜符合下列规定,如图 4-5 所示。

(1)普通地面标石由盘石和柱石两部分组成,柱石顶部边长宜为 250 mm,底部边长宜为

400 mm,高度宜为 400 mm;盘石边长宜为 700 mm,高度宜为 200 mm。

(2)标石应采用直径宜为 6 mm 的钢筋,混凝土保护层的厚度宜为 7 mm,浇筑钢筋混凝土应符合规定。

(3)柱石底盘的钢筋应与盘石钢筋相连。

(4)普通地面标石埋设,顶部距地面宜为 300 mm。

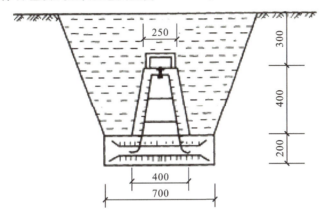

图 4-5 普通地面标石埋设(单位:mm)

3.岩层墩标造埋

岩层墩标造埋规格宜符合下列规定,如图 4-6 所示。

(1)岩层墩标应由盘石和柱石两部分组成,盘石的边长宜为 700 mm,高度宜为 500 mm;柱石的直径宜为 380 mm,高度宜为 800 mm。

(2)浇筑钢筋混凝土观测墩宜符合规定。

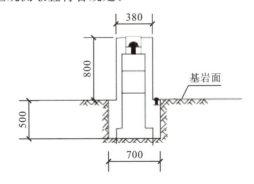

图 4-6 岩层墩标埋设(单位:mm)

4.土层墩标造埋

土层墩标造埋规格宜符合下列规定,如图 4-7 所示。

(1)土层墩标应由盘石和柱石两部分组成,盘石的边长宜为 1 200 mm,高度宜为 300 mm;

柱石直径宜为380 mm;土层墩标埋深不应小于1 400 mm,冻土线以下不少于600 mm;土层墩标高出地面宜为800 mm,水准标志宜为地面下200 mm。

(2)浇筑钢筋混凝土观测墩宜符合规定。

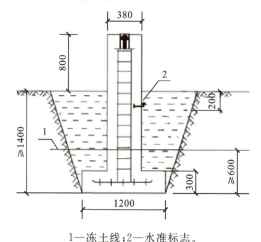

1—冻土线;2—水准标志。

图4-7　土层墩标埋设(单位:mm)

5.楼顶墩标造埋

楼顶墩标造埋规格宜符合下列规定,如图4-8所示。

(1)楼顶墩标应由盘石和柱石两部分组成,盘石的边长宜为700 mm,高度宜为200 mm;柱石直径宜为380 mm,高度宜为800 mm。

(2)浇筑钢筋混凝土观测墩宜符合规定。

(3)标石应牢固结合在混凝土楼板面上。

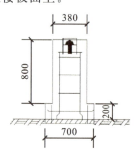

图4-8　楼顶墩标埋设(单位:mm)

6.一二级控制点预制混凝土标石造埋

一二级控制点预制混凝土标石造埋规格宜符合下列规定,如图4-9所示。

(1)一二级控制点预制混凝土标石中心标志宜采用直径为1 mm的铜芯,标志顶部应为圆球状,并应高出标石面,标志的长度宜为300 mm。

(2)标石的直径宜为 200 mm,标石的长度宜为 600 mm;标石采用的钢筋直径不应小于 6 mm 的钢筋,混凝土保护层的厚度不应小于 7 mm,浇筑钢筋混凝土应符合规定。

(3)标石埋设的底部边长宜为 300 mm,顶部边长宜为 400 mm,标石底部宜填充 50 mm 厚的混凝土。

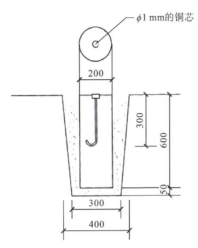

图 4-9　一二级控制点预制混凝土标石埋设(单位:mm)

7. 一二级控制点现场浇筑标石造埋

一二级控制点现场浇筑标石造埋规格宜符合下列规定,如图 4-10 所示。

(1)一二级控制点现场浇筑标石中心标志宜采用直径为 1 mm 的铜芯,标志顶部应为圆球状,圆球直径宜为 50 mm,并应高出标石面,标志的长度宜为 300 mm。

(2)现场浇筑钢筋混凝土应符合规定。

(3)标石埋设的直径宜为 150 mm,深度宜为 250 mm。

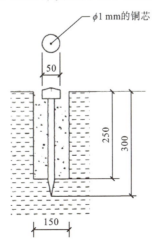

图 4-10　一二级控制点现场浇筑埋设(单位:mm)

4.5 控制测量示例

4.5.1 五当召庙区控制测量设计

1. 自定义坐标系

采用 GNSS-RTK 测量系统,测定基础坐标点的平面位置,建立起五当召保护范围控制网,作为航拍、三维扫描、摄影测量等的测绘基础。坐标系的建立具有控制全局、限制测量误差累积的作用,是本次数字化采集工作的测绘依据。经全国地理信息资源目录服务系统查询,五当召附近无可达到本项目要求的已知点,因此本次基础坐标信息获取坐标系统选择为自定义坐标系,平面控制测量为 C 级,高程水准测量为二等。

2. 控制点布设

示例在五当召保护范围内选择 3 个点位为控制点,分别为五当召庙区控制点点位[图 4-11(a)]、庚毗召控制点点位[图 4-11(b)]、庚毗敖包控制点点位[图 4-11(c)]。

 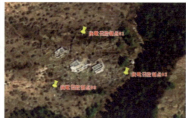 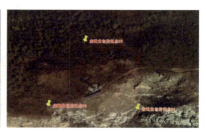

(a) 五当召庙区控制点点位　　(b) 庚毗召控制点点位　　(c) 庚毗敖包控制点点位

图 4-11　五当召保护范围控制点

3. 点位埋设

本次控制点位布设为长期使用点位,便于自定义坐标系联测及后续工作,对本次项目控制点埋设进行以下设计。

已知包头地区冻土类型为中—深季节冻土,最大冻土深度为 2 200 mm。根据包头冻土深度及最低室外温度设计控制点埋设如图 4-12 所示。设计控制点埋设深度为 3 000 mm,基坑深度 3 300 mm,四周用 300 mm 方砖对控制点四边进行填充。以直径 15 mm 钢柱作为控制点点位中心桩,中心桩顶部为十字形,方便仪器放置于点位中心,以获取精确控制点信息。中心桩周围使用水泥进行灌浆填充,防止由于热胀冷缩导致的控制点点位偏移。

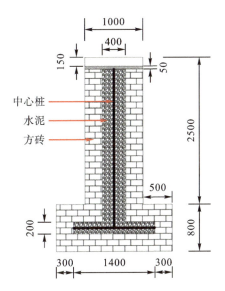

图 4-12 控制点埋设示意图(单位:mm)

4. 控制点测量

GNSS-RTK 平面测量精度采用 C 级标准，RTK 控制测量应符合下列要求。

(1) 控制点测量应采用三脚支架方式架设天线进行作业；测量过程中仪器的圆气泡应严格稳定居中。

(2) 控制点应采用常规方法进行边长、角度或导线联测检核，导线联测应按低一个等级的常规导线测量的技术要求执行。RTK 平面控制点检核测量技术要求应符合表 4-5 的规定。

表 4-5 RTK 平面控制点检核测量技术要求

等级	边长检核		角度检核		导线联测检核		坐标检核 /mm
	测距中误差/mm	边长较差的相对中误差	测角中误差/(″)	角度较差限差/(″)	角度闭合差/(″)	边长相对闭合差	
一级	≤15	≤1/14 000	≤5	≤14	≤$16\sqrt{n}$	≤1/10 000	≤50
二级	≤15	≤1/7 000	≤8	≤20	≤$24\sqrt{n}$	≤1/6 000	≤50
三级	≤15	≤1/174 000	≤12	≤30	≤$40\sqrt{n}$	≤1/4 000	≤50
图根	≤15	≤1/2 500	≤20	≤60	≤$60\sqrt{n}$	≤1/2 000	≤50

注：表中 n 为测站数。

5. 水准测量

采用二等水准测量级别技术要求(表 4-6)进行。

表 4-6 二等水准测量的主要技术要求

等级	每千米高差中全误差/mm	路线长度/km	水准尺	观测次数		往返较差、附合或环线闭合差
				与已知点关联	附合或环境	平地/mm
二等	2	—	条码因瓦、线条式因瓦	往返各一次	往返各一次	$4\sqrt{L}$

注：① 结点之间或结点与高级点之间的路线长度不应大于表中规定的 70%；
② 表中 L 为往返测段、附合或环线的水准路线长度，单位为 km。

4.5.2 大慧寺控制测量设计

1. 布设控制点

拟在大慧寺院内外布设控制点位 3 个，控制点 2 个，观测点 1 个，布设为等边三角形，在保证控制点测角精度的同时，方便观测，为后续的沉降及坐标转换提供作业依据。

已知北京市冻土深度为 850 mm，因此本次控制点预计埋设深度 1 200 mm，观测点以埋设钢钉方式进行布设。图 4-13 为大慧寺控制点示意图及水准点标志。

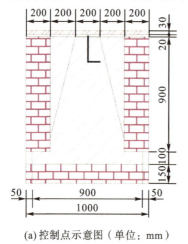

(a) 控制点示意图（单位：mm）　　(b) 水准点标志

图 4-13 大慧寺控制点示意图与水准点标志

2. 控制点已知点位置

1) 已知点位置

根据全国地理信息资源目录服务系统查询，大慧寺附近 GNSS C 级已知点分别为"蓟门桥(表 4-7)""紫竹桥西(表 4-8)""西直门桥(表 4-9)"。

表4-7 蓟门桥已知点信息

点名	蓟门桥
点号	N042
新图号	Ⅳ-1-3
网名	北京地区GPS大地控制网
等级	C级
所属项目	京津冀晋区域大地水准面精化项目
大地基准	独立坐标系
高程基准	独立高程基准
分发单位	北京市测绘设计研究院

表4-8 紫竹桥西已知点信息

点名	紫竹桥西
点号	N067
新图号	Ⅳ-1-3
网名	北京地区GPS大地控制网
等级	C级
所属项目	京津冀晋区域大地水准面精化项目
大地基准	独立坐标系
高程基准	独立高程基准
分发单位	北京市测绘设计研究院

表4-9 西直门桥已知点信息

点名	西直门桥
点号	N031
新图号	Ⅳ-1-3
网名	北京地区GPS大地控制网
等级	C级
所属项目	京津冀晋区域大地水准面精化项目
大地基准	独立坐标系
高程基准	独立高程基准
分发单位	北京市测绘设计研究院

2）水准已知点

根据全国地理信息资源目录服务系统查询，大慧寺附近水准一等已知点分别为"Ⅱ挂白4A"（表4-10）、"Ⅱ挂白6A"（表4-11）。

表4-10　Ⅱ挂白4A已知点位置信息

点名	Ⅱ挂白4A
线路名称	1008/2A01
新图号	Ⅳ-1-3
网名	北京市一等水准网
等级	一等
所属项目	北京市沉降区高程复测及原点网监测
大地基准	独立坐标系
高程基准	独立高程基准
分发单位	北京市测绘设计研究院

表4-11　Ⅱ挂白6A已知点位置信息

点名	Ⅱ挂白6A
线路名称	1008/2A01
新图号	Ⅳ-1-3
网名	北京市一等水准网
等级	一等
所属项目	北京市沉降区高程复测及原点网监测
大地基准	独立坐标系
高程基准	独立高程基准
分发单位	北京市测绘设计研究院

3. 水准测量

在二等水准测量之前，要对仪器进行全面检校。首先可以直接采用仪器自带的检校方法检校视线的i角误差，i角需小于规范要求的限差值15″。其次是检校仪器的圆水准器和标尺水准器。

1）外业观测作业流程

以下是水准测量的外业观测作业流程。

(1)将仪器整平。望远镜绕垂直轴旋转,圆气泡始终位于指标环中央;

(2)起始站参数设置。以徕卡 DNA03 电子水准仪为例,选择线路测量程序,需设置作业线路、限差参数等,如前后视距或视距累计差、视线高度等;

(3)标尺观测顺序。

根据所选择仪器来判断观测顺序。

①采用光学水准仪往测时奇数测站是后—前—前—后,偶数测站是前—后—后—前;而返测时奇、偶数测站的观测顺序与往测时偶、奇数测站的观测顺序分别相同;

②采用的是数字水准仪则无论往测还是返测,奇数测站的观测顺序始终是后—前—前—后,偶数测站则为前—后—后—前。

2)奇数测站作业流程示例

以数字水准仪在奇数测站上的观测顺序为例,作业流程如下。

(1)仪器整平后,将望远镜照准后视标尺,用垂直丝对准条码中央,精确调焦使条码影像清晰,按测量键;

(2)显示读数后,旋转望远镜照准前视标尺条码中央,精确调焦至条码影像清晰,按测量键;

(3)显示读数后,重新照准前视标尺,按测量键;

(4)显示读数后,旋转望远镜照准后视标尺条码中央,精确调焦至条码影像清晰,按测量键。显示测站成果,测站检核合格后迁站。

3)注意事项及要求

(1)二等水准测量采用单线路往返观测。同一区段的往返测,应使用同一类型的仪器和转点尺承沿同一道路进行。

(2)观测前 30 min,应将仪器置于露天阴影下,使仪器与外界气温趋于一致。观测时应遮蔽阳光,使用数字水准仪前,还应进行预热。

(3)在连续各测站上安置水准仪的三脚架时,应使三脚架其中两脚与水准路线的方向平行,而第三脚轮换置于路线方向的左侧与右侧。

(4)除线路转弯处外,每一测站上仪器与前后视标尺的三个位置,应接近一条直线。仪器距前后标尺距离应尽量相等,前后视距差、视距累积差应符合限差要求。

(5)每一测段的往测与反测,其测站数均应为偶数。由往测转向反测时,两标尺应互换位置,并应重新整置仪器。

(6)水准标尺应用尺架撑稳,尺垫需踩实,以保证水准尺的稳定性。

(7)水准测量的观测工作间歇时,一般结束在固定水准点上。

4. 坐标转换

由于控制点位于北京市地方坐标及高程上,需后期将控制点坐标转换至国家 2000 平面坐标及国家 1985 黄海高程上,具体操作如下:

将控制点及观测点进行坐标核验,选取附近已知点进行坐标联测,保证数据精确的情况下,对控制点坐标进行坐标转换,保证全部坐标位于国家 2000 平面坐标系及国家 1985 黄海高程上。

5. 成果要求

提供控制点原始数据、控制点点之记、控制点成果表、控制点平差记录、水准平差记录、水准测量场记表、控制点质检记录,并现场核验已确定点位完整及坐标准确。

第 5 章

建筑类文物摄影测量

5.1 摄影测量原理

"摄影测量学"一词的英文是 photogrammetry,它源于三个英文单词:light(光线)、writing(记录)和 measurement(量测),即将来自目标物体反射的光线通过某种方式进行记录,然后基于记录的结果(即像片或影像)进行量测和解译。因此,摄影测量学的基本含义是基于像片的量测和解译。传统的摄影测量学是利用光学摄影机获取像片,研究和确定被摄物体的形状、大小、位置、性质和相互关系的一门科学技术。它研究的内容涉及被摄物体的影像获取方法、影像信息的记录和存储方法、基于单张或多张像片的信息提取方法、数据的处理与传输、产品的表达与应用等方面的理论、设备和技术。

摄影测量的特点之一是无须接触被测目标物体本身,在像片上进行量测和解译,因而很少受自然环境条件的限制,而且像片及其各种类型影像均是客观目标物体的真实反映,影像信息丰富、逼真,人们可以从中获得被研究目标物体的大量几何信息和物理信息。

由于现代电子技术、通信技术、航天技术等的飞速发展,摄影测量学科领域的研究对象和应用范围不断扩大。可以这样说,只要目标物体能够被摄影成像,都可以使用摄影测量技术以解决某一方面的问题。这些被摄物体可以是固体的、液体的,也可以是气体的;可以是静态的,也可以是动态的;可以是微小的(如电子显微镜下放大几千倍的细胞),也可以是巨大的(如宇宙星体)。这些灵活性使得摄影测量学成为多领域广泛应用的一种测量手段。由于具有非接触传感的特点,20 世纪 60 年代初,从侧重于影像解译和应用角度,又提出了"遥感"一词。

随着摄影测量的发展,摄影测量与遥感之间的界限越来越模糊,换句话说,摄影测量学与遥感的结合越来越紧密。用王之卓先生的话说:"摄影测量学的发展历史就是遥感的发展历史,它们的目的相同,只是各自所处的科技发展历史时期不同,可以说摄影测量学发展到数字摄影测量阶段就是遥感。"正因为如此,国际摄影测量与遥感学会(International Society for Photogrammegry and Remote Sensing,ISPRS)于 1988 年在日本京都召开的第 16 届大会上给出定义:"摄影测量与遥感乃是对非接触传感器系统获得的影像及其数字表达进行记录、量测和解译,从而获得自然物体和环境的可靠信息的一门工艺、科学和技术。"(Photogrammetry and Remote Sensing is the art, science, and technology of obtaining reliable information and from non-contact imaging and other sensor systems about the Earth and its environment, and other physical objects and processes through recording, measuring, analyzing and representation.)其中,摄影测量侧重于提取几何信息,遥感侧重于提取物理信息。

5.2 历史上最早的航拍

法国著名摄影师费利克斯·纳达尔是人类航拍史上的第一人,当时经过了无数次的失败,在 1858 年 12 月的一天在热气球上用老式的湿版照相机,用了 20 分钟在吊篮的暗室里完成了涂制、拍摄、冲洗。这一伟大的创举将人类的想象变成了现实,把上帝视角分享给了人类。当然在之后的一战中航拍也变成了一种新型的侦查手段。

5.3 倾斜摄影测量

5.3.1 倾斜摄影测量的特点

1. 高效系统化的成果输出

倾斜摄影测量摆脱了传统航空和卫星遥感等传统技术的桎梏,通过在同一飞行平台上搭载多台传感器,从垂直和多个倾斜角度采集影像,使前期数据采集效率和后期建模精度、完整度都得到了质的提升,实现了专业数据采集与精细数据处理的深度整合,打造出了一个高效产出实景三维模型的完整系统。

2. 应用范围广

倾斜摄影测量在土地调查、农村地籍测绘、河湖治理、不动产确权、工程测量、建筑施工、灾害评估、环境监测、智慧城市、交通规划、建筑信息模型(building information modeling,BIM)设计、地理信息系统(geographic information system,GIS)等各领域都有了广泛的应用。

3.多元化个性化

不同行业、不同场景的应用需求日趋多元化,这对倾斜摄影的数据采集和处理工艺、数据质量、几何精度方面就提出了更高的要求。

倾斜摄影的数据成果是一个系统性的结果,从采集到处理的各个环节都会对最终的成果质量产生影响。不仅如此,数据采集方案也是需要根据测区的实际情况进行个性化设计。

5.3.2 前期准备

倾斜摄影测量需要进行充分的前期准备,这些准备工作的目的是保证测量的准确性、可靠性和安全性,提高测量效率和成功率,为后续数据处理和分析提供可靠的依据。

倾斜摄影测量实施前需进行空域申请、仪器选择与整备和像控点布设三项工作。

5.3.2.1 空域申请

倾斜摄影测量需要占用一定的空域,因此在进行倾斜摄影测量之前,需要事先向有关部门申请空域使用权。这样可以保证倾斜摄影测量不会对其他航空活动造成干扰,并确保倾斜摄影测量能够顺利进行。

1.需要空域申请的位置

根据民航局规定,划设以下空域为轻型无人机管控空域。

(1)真高 120 m 以上空域。

(2)空中禁区以及周边 5 000 m 范围。

(3)空中危险区以及周边 2 000 m 范围。

(4)军用机场净空保护区,民用机场障碍物限制面水平投影范围的上方。

(5)有人驾驶航空器临时起降点以及周边 2 000 m 范围的上方。

(6)国界线到我方一侧 5 000 m 范围的上方,边境线到我方一侧 2 000 m 范围的上方。

(7)军事禁区以及周边 1 000 m 范围的上方,军事管理区、设区的市级(含)以上党政机关、核电站、监管场所以及周边 200 m 范围的上方。

(8)射电天文台以及周边 5 000 m 范围的上方,卫星地面站(含测控、测距、接收、导航站)等需要电磁环境特殊保护的设施以及周边 2 000 m 范围的上方,气象雷达站以及周边 1 000 m 范围的上方。

(9)生产、储存易燃易爆危险品的大型企业和储备可燃重要物资的大型仓库、基地以及周边 150 m 范围的上方,发电厂、变电站、加油站和中大型车站、码头、港口、大型活动现场以及周边 100 m 范围的上方,高速铁路以及两侧 200 m 范围的上方,普通铁路和国道以及两侧

100 m 范围的上方。

(10)军航低空、超低空飞行空域。

(11)省级人民政府会同战区确定的管控空域。

未经批准,轻型无人机禁止在上述管控空域飞行。管控空域外,无特殊情况均划设为轻型无人机适飞空域。

2.空域申请的条件

根据《无人驾驶航空器飞行管理暂行条例》及相关规定,申请空域的流程如下。民用无人驾驶航空器在民用运输机场管制地带内执行巡检、勘察、校验等飞行任务,无需申请,但需定期报空中交通管理机构备案,并在计划起飞 1 h 前经空中交通管理机构确认后方可起飞,其他飞行任务需申请。

1)选择申请时间

组织无人驾驶航空器飞行活动的单位或者个人应当在拟飞行前 1 日 12 时前向空中交通管理机构提出飞行活动申请。空中交通管理机构应当在飞行前 1 日 21 时前作出批准或者不予批准的决定。

按照国家空中交通管理领导机构的规定在固定空域内实施常态飞行活动的,可以提出长期飞行活动申请,经批准后实施,并应当在拟飞行前 1 日 12 时前将飞行计划报空中交通管理机构备案。

飞行活动已获得批准的单位或者个人组织无人驾驶航空器飞行活动的,应当在计划起飞 1 h 前向空中交通管理机构报告预计起飞时刻和准备情况,经空中交通管理机构确认后方可起飞。

2)准备申请内容

无人驾驶航空器飞行活动申请应当包括下列内容。

(1)组织飞行活动的单位或者个人、操控人员信息以及有关资质证书。

(2)无人驾驶航空器的类型、数量、主要性能指标和登记管理信息。

(3)飞行任务性质和飞行方式,执行国家规定的特殊通用航空飞行任务的还应当提供有效的任务批准文件。

(4)起飞、降落和备降机场(场地)。

(5)通信联络方法。

(6)预计飞行开始、结束时刻。

(7)飞行航线、高度、速度和空域范围,进出空域方法。

(8)指挥控制链路无线电频率以及占用带宽。

(9)通信、导航和被监视能力。

(10)安装二次雷达应答机或者有关自动监视设备的,应当注明代码申请。

(11)应急处置程序。

(12)特殊飞行保障需求。

(13)国家空中交通管理领导机构规定的与空域使用和飞行安全有关的其他必要信息。实际申请流程可能因地区、任务性质等因素有所不同。此外,还可以登录中国民航局无人驾驶航空器空管信息服务系统进行相关操作。若申请涉及特定区域或特殊要求,可能需要额外提供相关证明材料,如在机场附近飞行,可能需提供与机场管理部门的协调证明等。在申请前,建议详细了解当地的具体规定和要求。

3. 申请空域准备材料

1)空域申请书

内容应包括飞行单位、航空器型号(性能参数)、架次、航空器注册地、呼号、机长(飞行员)、机组人员国籍、主要登机人员名单、任务性质、作业时间、作业范围、起降机场、空域进出点、预计飞行开始和结束时间、机载监视设备类型、联系人、联系方式等。

2)任务来源证明

用于说明开展飞行活动的原因,并提供相应证明文件,如中标通知书、任务委托书等;若是本企业开展培训、试验等,则需介绍培训或试验基本情况。

3)单位资质证明

单位资质证明包括公司简介、营业执照、无人机经营许可证等资料,还需提供与本次飞行活动性质有关的资质,如测绘资质、保密资质等(若有相关要求)。

4)飞行器资料

执行该飞行活动的飞行器性能参数、实体照片、实名登记信息,同时需提供为无人机购买的第三者责任险保险单复印件,以及无人机应急处置措施等。

5)飞行员资质证明

执行无人机飞行活动的驾驶员必须取得有效的资格证,并提供身份证复印件。

如果任务性质涉及特定领域,可能还需要额外的证明材料,例如:外国航空器或外国人使用我国航空器,需有相关单位批准文件;航空摄影、遥感、物探,需大军区以上机关批准文件;体育类飞行器,需地市级以上体育部门许可证明;大型群众性、空中广告宣传活动,需当地公安机关许可证明;无人驾驶自由气球、系留气球,需地市级以上气象部门许可证明。

需要注意的是,不同地区、不同任务类型的空域申请要求和流程可能会有所差异,具体应以当地相关管理部门的规定为准。此外,随着时间推移和政策变化,申请材料的要求也可能会调整,建议在申请前向当地的空域管理部门或相关机构进行详细咨询,以确保准备齐全所需材料。

5.3.2.2 仪器的选择与整备

倾斜摄影测量需要使用专门的航空摄影设备,因此在进行倾斜摄影测量之前,需要选择合适的设备,并对设备进行整备和调试,以确保设备的正常运行和数据的准确性。

无人驾驶飞机简称无人机,是利用无线电遥控设备和自备的程序控制装置操纵的不载人飞机,或者由车载计算机完全地或间歇地自主地操作。无人机中的民用无人机结合行业应用是无人机真正的刚需,例如民用无人机在航拍、农业、植保、微型自拍、快递运输、灾难救援、观察野生动物、监控传染病、测绘、新闻报道、电力巡检、救灾、影视拍摄、制造浪漫等领域的应用,大大地拓展了无人机本身的用途。

国内外无人机相关技术飞速发展,无人机种类繁多、用途广、特点鲜明,使其在尺寸、质量、航程、航时、飞行高度、飞行速度、飞行任务等多方面都有较大差异。由于无人机的多样性,出于不同的考量会有不同的分类方法。

1. 按飞行平台构型分类

无人机可分为固定翼无人机、旋翼无人机、无人飞艇、伞翼无人机、扑翼无人机等。

2. 按用途分类

无人机可分为军用无人机和民用无人机。军用无人机可分为侦察无人机、诱饵无人机、电子对抗无人机、通信中继无人机、无人战斗机以及靶机等;民用无人机可分为巡查/监视无人机、农用无人机、气象无人机、勘探无人机以及测绘无人机等。

3. 按尺度分类

无人机可分为微型无人机、轻型无人机、小型无人机、中型无人机和大型无人机。微型无人机指空机重量小于 0.25 kg、最大飞行真高不超过 50 m、最大平飞速度不超过 40 km/h 的无人机;轻型无人机指空机重量不超过 4 kg 且最大起飞重量不超过 7 kg、最大平飞速度不超过 100 km/h 的无人机(但不包含微型无人机);小型无人机指空机重量不超过 15 kg 且最大起飞重量不超过 25 kg 的无人机(但不包含微型、轻型无人机);中型无人机指最大起飞重量不超过 150 kg 的无人机(但不包含微型、轻型、小型无人机);大型无人机指最大起飞重量超过 150 kg 的无人机。

4. 按活动半径分类

无人机可分为超近程无人机、近程无人机、短程无人机、中程无人机和远程无人机。超近程无人机活动半径在 15 km 以内,近程无人机活动半径在 15~50 km,短程无人机活动半径在 50~200 km,中程无人机活动半径在 200~800 km,远程无人机活动半径大于 800 km。

5. 按任务高度分类

无人机可以分为超低空无人机、低空无人机、中空无人机、高空无人机和超高空无人机。超低空无人机任务高度在 0~100 m,低空无人机任务高度在 100~1 000 m,中空无人机任务高度在 1 000~7 000 m,高空无人机任务高度在 7 000~18 000 m,超高空无人机任务高度大于 18 000 m。

2018 年 9 月,世界海关组织协调制度委员会第 62 次会议决定,将中国的"大疆无人机"归类为"会飞的照相机"。无人机按照"会飞的照相机"归类,就可以按"照相机"监管,各国对照相机一般没有特殊的贸易管制要求,非常有利于中国高科技优势产品进入国外民用市场。

5.3.2.3 像控点布设

倾斜摄影测量需要进行后续的数据处理和分析,而像控点是进行数据处理和分析的重要依据。因此,在进行倾斜摄影测量之前,需要在测区内布设合适数量和位置的像控点。布设像控点的目的在于将倾斜摄影测量中原有的 WGS-84 坐标进行转换的同时对倾斜摄影测量中的误差进行消除。

像控点的布设一般以像控布配合 RTK 进行作业,像控点位置的布设形式如图 5-1 所示。

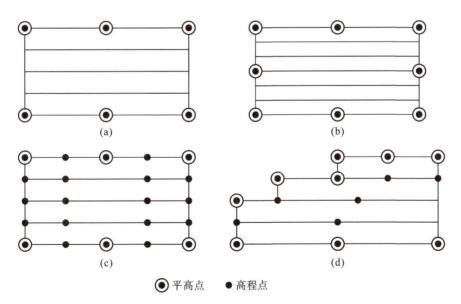

◎ 平高点 ● 高程点

图 5-1 像控点位置布设形式

像控点布设标志点如图 5-2 所示。

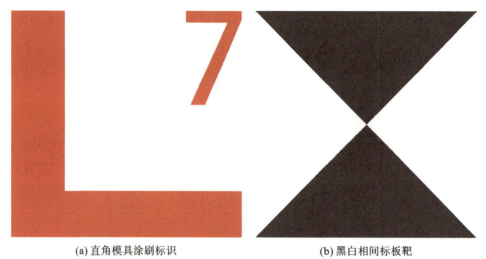

(a) 直角模具涂刷标识　　　　　　(b) 黑白相间标板靶

图 5-2　像控点布设标志点主要形式

像控点的布设内容与摄影测量控制点布设内容一致。

5.3.3　现场实施

现场实施是倾斜摄影测量的关键环节之一,需要严格按照航线规划、航线外扩、现场的参数选择要求进行实施,以确保测量数据的准确性、可靠性和精度。

5.3.3.1　航线规划

航线规划是实施倾斜摄影测量的基础,要求覆盖全面。对应测绘区域要求按坐标进行飞行区域分割规划。在规划航线时,需要根据测绘区域的大小、形状、地形地貌等因素,合理规划,保证覆盖全面且数据精度高。航线规划的精度和合理性直接影响后续数据处理和分析的准确性和可靠性。

以下是使用 DJI Pilot 软件进行航线规划的作业流程。

(1) 打开 DJI Pilot 软件并登录。进入主界面(图 5-3)后,点击"Pilot"。

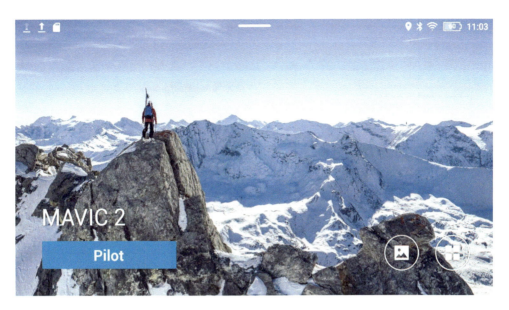

图 5-3 主界面

(2)在飞行界面(图 5-4),点击"航线飞行"。

- 遥控器已经连接

图 5-4 飞行界面

(3)在任务现场时,飞行范围明确时可点击"创建航线"(图5-5)。

图5-5 创建航线

航线预设时或不能在现场确认飞行范围时,应点击"KML导入"(图5-6)。

图5-6 KML导入

(4)在新建任务界面中,选择倾斜摄影模式(图5-7),并输入任务名称和任务区域。然后点击"下一步"。

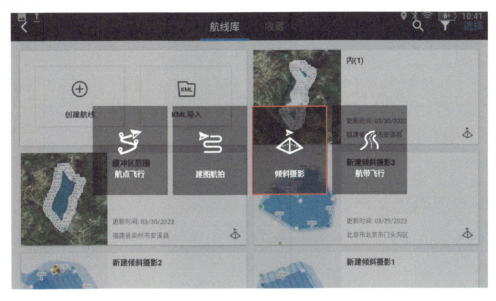

图5-7 倾斜摄影模式

(5)在任务参数设置界面中,选择相机型号、相机倾斜角度、重叠度、侧向重叠度、前后重叠度、航高等参数,并设置航线间隔和飞行速度。然后点击"下一步"。

(6)选择相机型号时应以实际飞行的无人机相机进行选择,若非专业版相机,可选择参数相同的相机(图5-8)。

图5-8 相机选择

此处显示内容为地面分辨率信息(图5-9)。

图5-9　地面分辨率信息

(7)对拍照模式进行选择,分为等时间隔拍照与等距间隔拍照两种模式(图5-10)。等距间隔拍照一般应用于地形起伏较大、最高地物与飞行高度接近的飞行范围。

图5-10　拍照模式选择

(8)选择飞行高度、起飞速度及航线速度(图 5-11),飞行高度决定地面分辨率,航线速度与重叠度成反比。

图 5-11　倾斜摄影参数选择

(9)在航线规划界面中,DJI Pilot 软件会自动根据任务区域和任务参数规划航线。也可以通过手动调整航线点的位置和高度来优化航线规划。点击"完成"后,保存任务设置。

任务设置完成后,返回任务列表界面。在任务列表中,选择刚才创建的任务,然后点击"开始飞行"。

按项目需求选择执行的航线,航线 1 为正射影像航线,航线 2、3、4、5 为倾斜影像航线(图 5-12)。

图 5-12　航线选择

(10)无人机开始飞行后,DJI Pilot 软件会自动记录航线、拍摄照片和保存数据。完成任务后,无人机会自动返回起飞点。任务完成后,可以在 DJI Pilot 软件中查看和管理任务数据,可以将数据导出到计算机上进行后续的数据处理和分析。

5.3.3.2 航线外扩

1. 航线外扩的优点

航线外扩是为了提高测量数据的覆盖范围和精度,以测绘区域为核心外扩两条航线。航线外扩可以增加图像重叠度,有效提高测量数据的覆盖率和精度,从而提高三维模型和地形数据的质量和精度。特别是在测绘区域边缘部分,数据的精度和可靠性更高。

具体来说,航线外扩可以带来以下几个方面的好处。

(1)增加图像重叠度。航线外扩可以在不改变原有航线规划的前提下,增加图像重叠度,从而提高数据质量和精度。

(2)提高拍摄效率。在保证数据质量的情况下,航线外扩可以减少拍摄次数和飞行时间,从而提高拍摄效率。

(3)提高数据质量。航线外扩可以获取更多的图像信息,填补原有数据的空缺,从而提高三维模型和地形数据的质量。

(4)提高数据分析能力。倾斜摄影测量所获得的数据通常需要进行后期处理和分析,包括建模、三维重建等。航线外扩可以提供更多的数据支持,以提高数据分析的准确性和可靠性。

2. 航线外扩需遵循的原则

在进行倾斜摄影测量时,进行航线外扩需要遵循以下几个原则。

(1)在进行航线外扩前,需要对拍摄区域进行详细的考察和规划,以便确定合适的航线外扩范围。

(2)在进行航线外扩时,应尽可能保持原有航线方向和重叠度不变,以便提高数据质量和精度。

(3)在进行航线外扩时,需要保证图像覆盖区域的均匀性和连续性,以便支持后期数据处理和分析。

(4)在进行航线外扩时,应避免使用过多的重叠区域,以免造成图像数据冗余和效率降低。

(5)在进行航线外扩时,需要根据实际情况合理调整航线参数,例如飞行高度、视场角、孔距等,以便获得更高质量的数据。

3. 航线外扩需考虑的因素

确定倾斜摄影测量航线外扩的数量需要根据实际情况进行判断,一般需要考虑以下几个因素。

(1)在确定航线外扩数量时,需要考虑数据精度要求。如果数据精度要求较高,则可能需要采用更多的航线外扩。

(2)地形复杂度是影响航线外扩数量的重要因素之一。在地形比较平坦的区域,航线外扩的数量可以相对较少;而在地形复杂的区域,可能需要采用更多的航线外扩,以便获取更多的图像信息。

(3)不同的拍摄设备和参数会对航线外扩数量产生影响,例如飞行高度、视场角、孔距等。在选择拍摄设备和参数时,需要综合考虑其对航线外扩数量的影响,并进行适当调整。

(4)倾斜摄影测量中的航线规划和重叠度也会对航线外扩数量产生影响。在航线规划和重叠度能够满足数据要求的前提下,航线外扩的数量可以适当减少。

5.3.3.3 参数选择

参数选择是实施倾斜摄影测量的核心环节之一,在实施倾斜摄影测量时,需要根据测绘区域的要求,选择合适的地面分辨率和重叠度,以保证测量数据的质量和可靠性。同时,还需要根据航线规划和航线外扩的情况,合理选择倾斜摄影测量的参数,以确保测量数据的准确性和精度。

1. 分辨率的选择

倾斜摄影测量地面分辨率的选择与拍摄对象和数据处理要求有关,一般需要考虑以下几个因素。

1)拍摄目标

不同的拍摄目标需要不同的地面分辨率。例如:对于建筑物、道路等细节较多的区域,需要选择较高的地面分辨率,以便获取更详细的图像信息;对于地形比较平坦的区域,地面分辨率可以适当降低。

2)数据处理要求

数据处理要求是影响地面分辨率选择的另一个重要因素。如果需要进行三维重建、数字高程模型等后期处理工作,则需要选择较高的地面分辨率,以便获得更准确的数据。

3)拍摄设备和参数

不同的拍摄设备和参数会对地面分辨率产生影响。在选择拍摄设备和参数时,需要综合考虑其对地面分辨率的影响,并进行适当调整。

4)数据储存和传输能力

倾斜摄影测量所获得的图像数据通常具有较大的体积,而较高的地面分辨率可能会导致数据体积进一步增加。在选择地面分辨率时,需要考虑数据储存和传输的能力,并进行适当平衡。

在选择倾斜摄影测量地面分辨率时,需要根据实际情况进行权衡,综合考虑多个因素,并在保证获取高质量数据的前提下,尽可能提高拍摄效率和数据处理的效率。

2. 分辨率与模型的关系

倾斜摄影测量的地面分辨率与模型清晰度之间存在着一定的关系。具体来说,地面分辨率越高,通常可以获得更多的图像信息和细节,从而可以提高三维模型的清晰度和精度。反之,如果地面分辨率过低,则可能会导致数据缺失、模糊或者失真等问题,从而影响模型的清晰度和精度。

在进行建筑物建模时,较高的地面分辨率可以帮助捕捉到更多细微的细节,例如窗户、门廊、雨水管等,从而提高建模质量和精度。然而,随着地面分辨率的增加,数据量也会相应增大,处理和存储成本也会逐渐升高。因此,在选择地面分辨率时,需要综合考虑其对模型清晰度和数据处理成本的影响,并进行适当平衡。同时,在进行数据处理和分析时,也需要注意选择合适的算法和方法,以最大程度地利用高分辨率的数据,提高模型清晰度和精度。

3. 重叠度与模型的关系

倾斜摄影测量中航线重叠度与模型清晰度之间存在着一定的关系。通常来说,适当增加航线重叠度可以提高数据质量和精度,从而获得更清晰、更精确的三维模型。

航线重叠度越高意味着每个地物点被多次拍摄,从而可以获取更多的图像信息和角度,并且可以检查和匹配不同图像之间的特征点,以提高三维模型的精度和清晰度。

为了获得较高质量的三维模型,一般需要保证航线重叠度在30%以上。此外,在进行航线规划时,还需要根据实际情况确定适当的航线方向和长度,以便最大限度地提高航线重叠度,同时减少数据冗余。

4. 光线与模型清晰度的关系

倾斜摄影测量中光线是对于模型具有很大的影响因素之一。因为在不同的光照条件下拍摄到的图像信息会有所不同,从而可能会导致数据的缺失、噪声等问题,进而影响三维模型的质量和精度。

具体来说,光线对倾斜摄影测量模型的影响主要有以下几个方面。

1)影响特征点提取

由于不同光照条件下拍摄到的图像信息有所不同,因此可能会影响特征点的提取和匹配。在强光照射下,物体会产生更多的阴影,使得特征点难以提取,从而影响三维模型的建立。

2)影响纹理信息提取

光线对于表面纹理的影响也很显著。在强光照射下,表面纹理的细节会被淹没,从而影响纹理信息的提取和处理。这可能会导致三维模型表面不够平滑或者出现孔洞等问题。

3)影响数据质量

光线条件不同可能会导致数据质量的差异。在光照条件较差的情况下,可能会导致数据噪声增加、图像模糊等问题,从而影响三维模型的质量和精度。

4)影响颜色信息

光线条件不同也可能会影响到拍摄到的图像的颜色信息。因此,在进行倾斜摄影测量时,需要注意对颜色信息的处理,以减少光线变化对于颜色信息的影响。

在倾斜摄影测量中,光线是一个重要的影响因素之一,可以通过合理控制光线条件来降低其对于三维模型的影响。例如在强光照射下可以采用高动态范围成像(high dynamic range imaging,HDR)技术进行拍摄,以保留更多的图像细节和信息。同时,在进行数据处理和分析时,也需要考虑到光线因素对于数据质量和精度的影响,并选择合适的算法和方法以提高数据质量和模型精度。

5.3.4 数据处理

现阶段摄影测量数据模型生成软件较为繁多,包括国内的深圳市大疆创新科技有限公司研发的大疆智图、武汉大势智慧科技有限公司研发的重建大师等软件;国外研发的软件,例如:由 Agisoft LLC 公司研发生产的 PhotoScan,由 Bentley Systems 公司研发的 ContextCapture,以及 Pix4d、OneButton、Skyline-PhotoMesh、VisualSFM 等软件。

模型修饰软件包括 Meshmixer、Geomagic Studio(杰魔)、Dp-modeler、ModelFun(模方)等软件进行修饰修整。本书主要对前期调色软件 Lightroom、模型生成软件 ContextCapture、模型修饰软件 ModelFun 进行教学介绍。

5.3.4.1 照片调色

以下是使用 Lightroom 软件进行照片调色的作业流程。

(1)在计算机上定位到包含纹理数据的文件夹,并在 Lightroom 软件中导入该文件夹中的文件(图 5-13)。确保已正确设置导入设置,以便正确应用纹理数据,避免不必要的错误。

图 5-13 导入纹理数据

(2) 找到带有色卡的纹理数据,选定后,然后点击"修改照片"(图 5-14)。

图 5-14　修改选定照片

(3) 选择右侧白平衡选择器,选取色卡上最后一排左数第二个色块(图 5-15)。

图 5-15　白平衡选择器色卡选择

(4) 在右侧的处理方式中,对高光和阴影进行调节(图 5-16)。

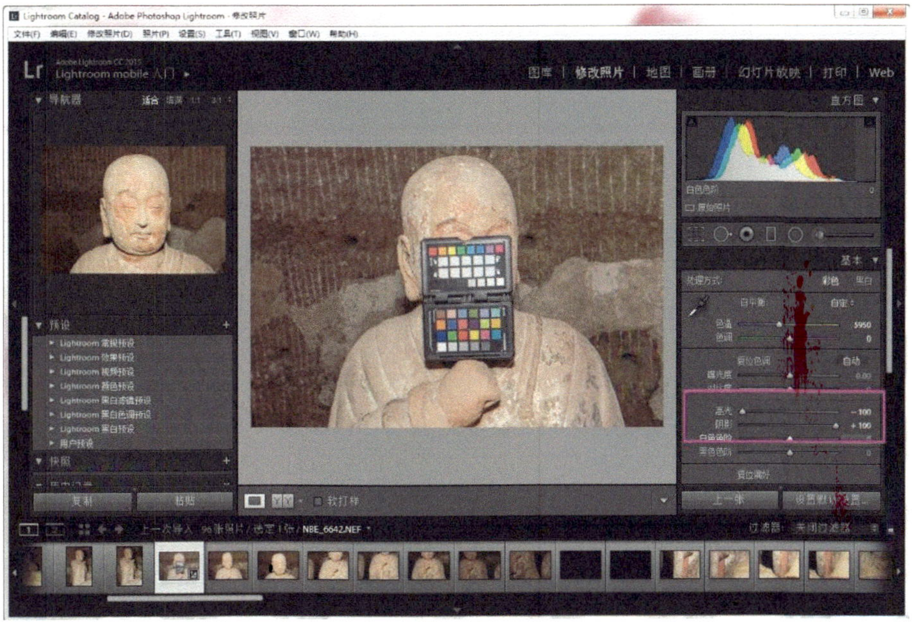

图 5-16　高光和阴影调节

(5) 在照片编辑器的最下方,选中已经调整好颜色的照片,右键点击并选择"修改照片设置",然后选择"复制设置"。在"复制设置"窗口中,可以默认设置内容,直接点击"复制"即可完成操作(图 5-17)。

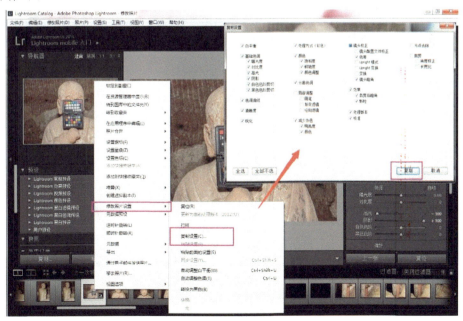

图 5-17　照片复制

(6)确保已选中除调色外的所有照片,然后右键点击所选照片,并选择"修改照片设置"。在弹出的窗口中,点击"粘贴设置"(图5-18)。

图5-18 照片粘贴

(7)核查所有照片,若发现个别照片的色调与其他照片存在显著差异,可在右侧的处理方式中进行单独调整(图5-19)。

图5-19 照片色调差异单独调整

5.3.4.2 空中三角测量计算

以下是使用 ContextCapture 软件进行空中三角（以下简称空三）测量计算的作业流程。

(1)新建工程。首先在 ContextCapture 软件中点击"New Project…"建立一级工程(图 5-20)。

图 5-20 新建工程

(2)新建区块。在 ContextCapture 软件内新建区块(图 5-21)，每区块内的数据将作为统一模型进行计算。

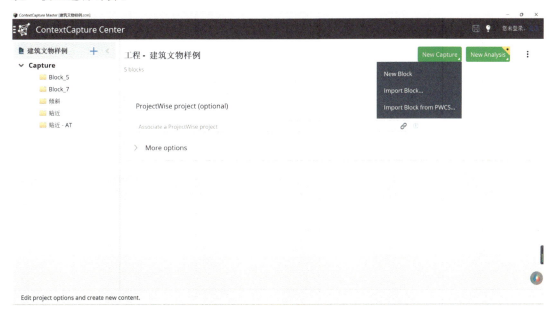

图 5-21 新建区块

New block(新建区块):新建区块指的是新建一个空白的区块,需对区块内照片进行重新导入,并生成计算文件。

Import block(导入区块):可对计算完成或未完成的导出区块进行导入,对其进行模型建立、空三拟合等工作,一般使用 Photo Scan 等空三算力较强的软件进行空三计算后,使用此模块导入,进行模型制作。

Import block from PWCS(从网络导入区块):此区块一般以 ContextCapture 软件网络云盘为主体进行下载及导入。

(3)添加影像数据。将收集到的影像数据导入 ContextCapture 软件中,在选项卡中选择"Add Photos..."(图 5-22)。

图 5-22 添加影像数据

Add Photo Selection(添加照片选择):此选项会添加单张照片进入区块内,可在单个文件夹内选择多张照片(图 5-23)。

第 5 章 建筑类文物摄影测量

图 5-23 添加照片

Add Entire Directory(添加整个目录):此选项会添加单组文件夹内影像进入区块内,但只可选择单个文件夹(图 5-24)。

图 5-24 添加整个目录

(4)进行空三计算。在生成初始点云后,可以使用"提交空中三角测量计算"(图 5-25)中的"数字表面模型"(digital surface model,DSM)和"数字地形模型"(digital terrain model,DSM)命令来进行模型生成。在执行这些命令之前,需要设置一些参数,例如处理区域范围、点云密度、过滤参数等。

图 5-25　提交空中三角测量计算

①提交空三计算的第一步应对区块名称及描述内容进行编辑确认(图 5-26)。

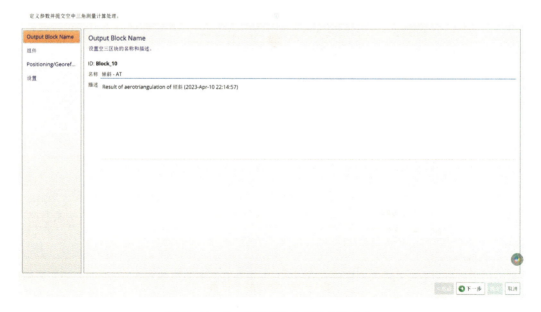

图 5-26　空三计算区块名称和描述内容

②对参与此次空三处理的影像信息进行选择(图 5-27),包含使用所有影像(空三计算中加入主要影像组件之外的影像数据)和只使用主要影像组件中的影像(在此选项中,在上次空三计算失败的文件将不参加此次空中三角测量)。

图 5-27 空三计算影像信息选择

(5)生成初始点云。在组织影像数据后,会自动生成初始的三维点云数据。该命令会使用影像数据中的几何信息生成一个大致的三维点云模型(图 5-28)。

图 5-28 生成初始点云

(6)导出结果。使用"导出"选项卡中的命令将生成的 DSM、DTM 和三维模型导出为各种格式的文件(图 5-29),以便进行后续的分析和应用。

图 5-29 导出命令

Export Block(导出区块):将此区块内空三数据进行导出(图 5-30)。

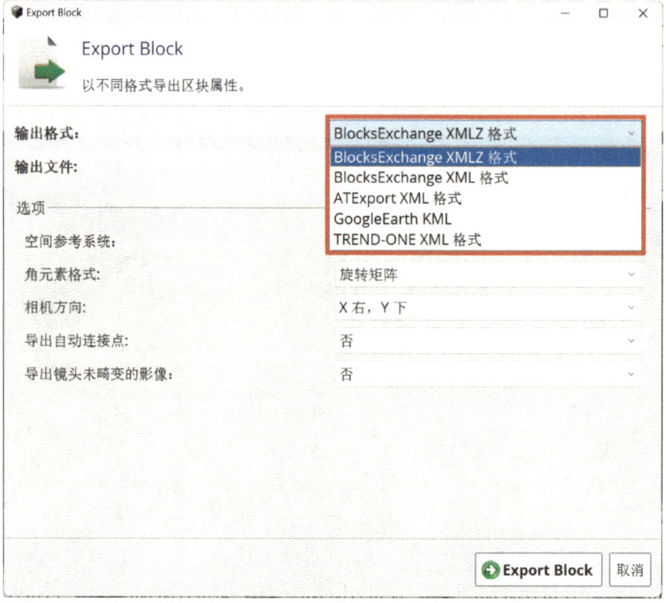

图 5-30 导出区块

在输出格式时，XMLZ 格式一般为 ContextCapture 软件内部传输及内部编辑使用；XML 格式一般为对外部软件进行空三数据导出时使用；KML 格式为范围文件，一般是谷歌地区等需要范围导入时使用。

输出文件部分为空三文件输出位置的选择模块（图 5-31）。

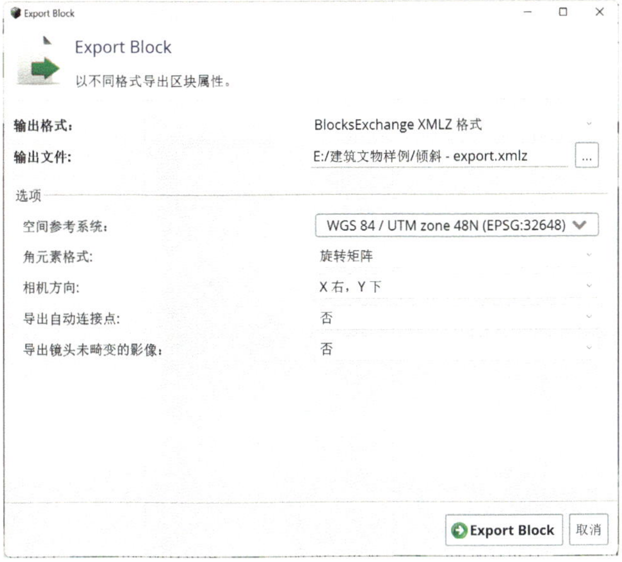

图 5-31　输出文件

空间参考系统为自主选择模块，一般选择 WGS-84/UTM zone 48N 投影的空间坐标系（图 5-32）。

图 5-32　空间参考系统选择

5.3.4.3 坐标转换

以下是使用 ContextCapture 软件进行坐标转换的作业流程。

(1)标记控制点。在 ContextCapture 软件中,选择需要标记控制点的图像集。然后,在图像上选择需要标记的区域,右键单击并选择"添加控制点"。标记完所有需要的控制点后,应确保它们的坐标和编号与实际相符。

(2)添加坐标点。添加坐标点有多种方式,首先是连接点的添加(图 5-33)。

图 5-33　连接点添加

连接点是一种不含坐标信息的点,主要作用是控制空三变形位置或重叠度较低的位置,起到将两块或多块空三连接的作用。此界面除添加连接点外,也可以添加控制点(图 5-34)。

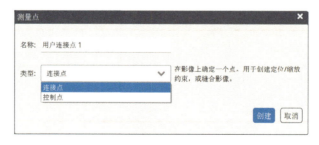

图 5-34　连接点/控制点添加

第 5 章 建筑类文物摄影测量

添加控制点时,需选择坐标系统,并输入坐标数据信息(图 5-35)。

图 5-35 控制点坐标系统数据信息

除此之外,还可以对控制点进行批量导入(图 5-36)。

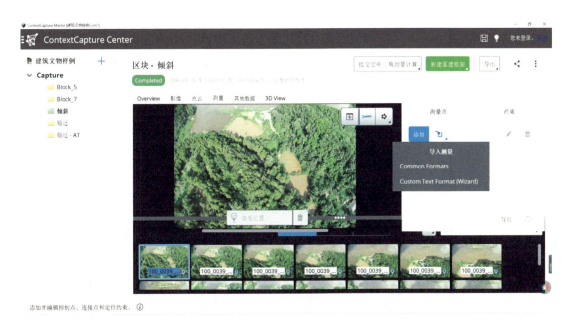

图 5-36 控制点批量导入

在批量导入控制点坐标时,需要对控制点坐标进行整理。一般整理为表 5-3 格式,并储存为文本文件 TXT 格式进行导出。

表 5-3 批量导入控制点坐标信息格式模版示例

名称	X 坐标	Y 坐标	高程
wfy－1			
wfy－2			
wfy－3			
wfy－4			
wfy－5			

(3) 校正模型。在所有控制点都添加完毕之后，ContextCapture 软件会自动进行校正并调整点位。

(4) 评估精度。完成标记和自校准后，应该评估精度以确保相机和控制点的位置被正确地处理和定位。

(5) 导出数据。将标记后的数据导出到需要的格式中，比如 LAS 或 LAZ 等格式，以供后续处理和使用。

5.3.5 模型生成

以下是使用 ContextCapture 软件进行模型生成的作业流程。

(1) 选择空间参考坐标系(图 5-37)。

图 5-37 模型空间参考系统选择

(2)根据用户需求和场景复杂度对模型进行切块(图5-38),提高显示性能和交互效果。

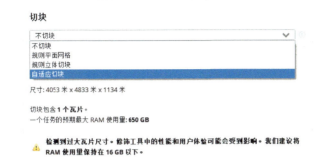

图 5-38　模型切块

(3)选择对模型处理的设置内容(图5-39)。

图 5-39　模型处理设置

(4)生成三维模型数据和图像等输出(图5-40),输出格式包括 OBJ、FBX、COLLADA 等。

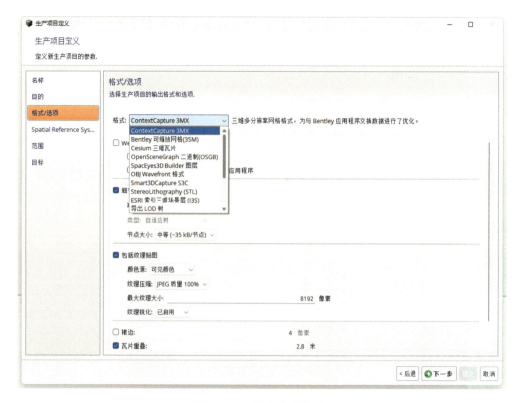

图 5-40　模型输出格式

5.3.6　注意事项

为确保数据的准确性和精度,需要对数据进行严谨的处理和纠正。在进行数据处理之前,需要进行图像配准、去除畸变等预处理工作,确保数据的准确性和精度。同时,在数据处理和分析过程中,需要对数据的质量进行严格的检验和验证,确保数据的真实性和可靠性。最终的数据处理和分析结果应该与实际情况相符。

在进行数据发布和使用时,需要遵守相关的法律法规和技术标准,确保数据的合法性和规范性。此外,在进行倾斜摄影测量时,还需要考虑环境保护和安全问题,并遵守相关规定,确保数据的科学性和可持续性。

5.4　贴近摄影测量

贴近摄影测量(nap of the object photogrammetry)是一种基于数字图像处理和计算机视觉技术的测量方法,通过获取目标区域或对象的高分辨率数字图像数据,并采用光学、几何和数值方法进行数据处理和分析,以获得目标区域或对象的空间位置、形态、大小等三维信息。

贴近摄影测量的定义可以从不同角度进行解释。

1. 技术特点

贴近摄影测量是一种基于数字图像处理和计算机视觉技术的测量方法,主要采用数字相机、激光扫描仪、无人机等设备获取高分辨率的数字图像数据,利用光学、几何和数值方法进行数据处理和分析,实现对目标区域或对象的三维重建和测量。

2. 应用领域

贴近摄影测量主要应用于工程测量、地理信息系统、文物保护、城市规划、环境监测等领域。例如:在工程测量中,贴近摄影测量可以实现对建筑物、桥梁、坑道等复杂结构的三维测量和监测;在文物保护中,贴近摄影测量可以实现对文物的三维测量、重建和保护。

3. 数据处理流程

贴近摄影测量的数据处理流程主要包括图像预处理、特征提取、摄影测量模型建立、三维坐标计算等步骤。其中,图像预处理主要用于去除图像噪声、调整图像亮度和对比度等;特征提取则是寻找相邻图像之间的同名点,以建立像空间和物空间之间的联系;摄影测量模型建立则是利用摄影测量原理,建立像片和物体之间的转换关系;三维坐标计算则是通过计算得到物体的三维坐标值。

5.4.1 贴近摄影测量的来源

贴近摄影测量是由武汉大学遥感信息工程学院张祖勋院士于 2019 年提出的一种新的摄影测量数据获取方式。它利用近程无人机和高精度测距仪的组合技术,在不接触物体表面的情况下,通过对物体表面多个点的激光测距和图像拍摄进行联合计算,实现对物体三维坐标的快速、高精度测量。

相较于传统摄影测量方法,贴近摄影测量具有以下几个方面的优点。

1. 高精度

利用高精度激光测距仪可以获得亚厘米级的空间精度,结合无人机影像可以实现更高的地面分辨率,从而提高了测量精度。

2. 快速高效

无需接触物体表面,只需要利用无人机进行航拍和高精度测距仪进行摄影测量,就可以在短时间内完成对大面积区域的三维测量。

3. 安全可靠

与传统测量方法相比,贴近摄影测量无需接触物体表面,不会对被测物体造成损伤,同时可以避免测量人员和被测物体之间的安全隐患。

4. 应用广泛

贴近摄影测量技术可以应用于建筑、文物保护、城市规划等领域，为相关领域提供了一种新的高效、精确的数据获取方式。

在实际应用中，贴近摄影测量技术还需要对无人机控制、航线设计、激光测距仪校准等方面进行进一步研究和优化，以提高测量效率和精度。

5.4.2 前期准备

贴近摄影测量是一种计算机视觉和数字图像处理技术，需要进行一定的前期准备工作，以保障数据采集和处理的质量和精度。通常情况下，贴近摄影测量需要进行以下几个方面的前期准备。

1. 目标区域或对象的选择

目标区域或对象的选择是贴近摄影测量中的第一步，需要确定要拍摄、测量和重建的区域或对象，并针对其特征和属性做好相应的准备工作。

2. 数据采集设备的选择

根据目标区域或对象的特点和要求，选择合适的数据采集设备，并根据实际情况确定采集参数，例如曝光时间、焦距、分辨率等。

3. 采集场景的准备

在进行数据采集前，需要对采集场景进行充分准备，包括环境清理、标志布置、光照调整、遮挡物的清除等。这些工作可以提高数字图像的质量和精度，有利于后续的数据处理和分析。

4. 标记物的设置

为了实现特征点的提取和匹配，需要在目标区域或对象上设置一些标记物，例如灰度卡、控制点等。这些标记物可以提供稳定的特征信息，有助于数据处理和分析。图 5－41 为生成的贴近摄影测量标志点。

X:0 Y:0 Z:0
Local:unit=meter

CCQR-CP: demo

图 5－41 生成的贴近摄影测量标志点

5. 测量基准的建立

为了保障贴近摄影测量的精度和可靠性,需要建立测量基准系统,确定坐标系和坐标轴的方向,并进行校正和验证。测量基准的建立可以提高数据处理的精度和准确性。

贴近摄影测量坐标系统内容与倾斜摄影测量坐标系统基本一致。

5.4.2.1 仪器选择

贴近摄影测量一般选用较为轻便的小型无人机进行作业。

5.4.2.2 仪器调试

1. 校准仪器

摄影测量仪器需要经过校准后才能保证其测量精度。仪器厂家会提供相应的校准方法和标准,按照标准进行校准。

1）水平校准

将四轴无人机放置在水平面上,并确保其水平仪显示为水平状态,然后按照说明书操作,根据控制器的指示完成水平校准。

2）罗盘校准

将四轴无人机放置在一个不受金属干扰的区域,按照说明书操作,根据指示旋转四轴无人机,使其完成罗盘校准。

3）遥控器校准

打开遥控器电源,按住特定按钮,等待遥控器发出提示音后松开,即可完成遥控器校准。

4）加速度计校准

将四轴无人机放置在水平面上,按照说明书操作,根据指示进行加速度计校准。

5）陀螺仪校准

将四轴无人机放置在水平面上,按照说明书操作,根据指示进行陀螺仪校准。

2. 调整仪器参数

摄影测量仪器有很多参数需要调整,主要包括图像分辨率、曝光时间、光圈、焦距等参数。调整参数需要根据实际情况进行。

3. 测试仪器

在进行实际测量之前,需要对仪器进行测试,以保证其正常使用。测试的方法可以是拍摄标准地面控制点或者标志物,并对其进行测量和比对。

4. 优化仪器

在经过初步测试后,可以根据测试结果进行仪器的优化。优化的方法有调整仪器参数、更换仪器零部件等。

5. 记录仪器状态

为了方便后期进行数据处理和分析,需要记录仪器的状态和参数,包括光圈、曝光时间、焦距、测量时间等信息。这些信息可以通过仪器自带的记录功能或者手动进行记录。

5.4.3 现场实施

5.4.3.1 色卡拍摄

1. 色卡拍摄重要性

贴近摄影中拍摄色卡的重要性主要体现在以下几个方面。

1)色彩准确性

色卡可以提供一组标准的颜色参考,使摄影师在拍摄时能够更好地控制色彩的准确度,从而在后期制作中保证图像色彩的真实性。

2)色彩一致性

使用色卡可以确保拍摄的图像在不同时间、不同场景下具有相同的色彩效果,这对于拍摄专业照片、电影和视频影片非常重要。

3)色彩平衡

在自然光线下拍摄时,不同的天气和环境条件可能会导致图像的色彩偏差,使用色卡可以帮助摄影师更好地平衡图像的色彩。

4)后期制作

色卡在后期制作中也具有重要意义,摄影师可以使用色卡参考来调整和校准图像的色彩,从而实现更好的后期处理效果。

总的来说,贴近摄影中拍摄色卡的重要性在于它能够帮助摄影师控制图像的色彩,保证图像的色彩真实性、一致性和平衡性。

2. 色卡拍摄步骤

拍摄色卡主要分为以下几个步骤。

1)选取标准色卡

在贴近摄影测量中,通常使用标准色卡(图 5-42),这是一个包含多个已知颜色的卡片,用于校准图像的色彩准确性。选择标准色卡时,应该选择与场景中出现的颜色相似的卡片。

图 5-42 标准色卡

2)放置色卡

在拍摄场景中,将色卡放置在所拍摄物体或场景的附近,确保它们受到相同的照明。应该避免在过于明亮或过于暗的环境中放置色卡,以确保色彩的准确性。

3)对焦

对色卡进行对焦,确保卡片的各个部分都清晰可见。

4)校准曝光

使用反射测光器或手动曝光对色卡进行校准曝光,确保色卡的颜色和明度细节都被正确记录。

5)拍摄

拍摄色卡,并确保照片中的色卡完全呈现出来。

6)处理

用图像处理软件,例如 Adobe Photoshop 或 Lightroom 软件,读取色卡上的颜色值,校准图像的色彩准确性。

5.4.3.2 立面飞行航线的绘制

以下是使用 DJI Pilot 软件进行立面飞行航线绘制的作业流程。

(1)打开 DJI Pilot 软件并登录,连接无人机和遥控器。确保无人机和遥控器已经连接,且 GNSS 信号良好。进入主界面后(图 5-3),点击"Pilot"。

(2)在飞行界面(图 5-4),点击"航线飞行"。

(3)在航线任务界面中,选择"KML 导入"(图 5-6),选择需要导入的 KML 文件。KML 文件是一种标准的地理信息格式,可以通过 Google Earth 等软件创建和编辑。在

KML 文件中,可以定义航线路径、航点位置等信息。

(4)在 KML 文件导入完成后,可以在地图上查看航线路径和航点位置(图5-43)。可以根据实际需要对航线路径进行调整,包括添加、删除、移动航点等操作。

图 5-43 航线路径和航点位置

(5)在航线路径调整完成后,设置航线参数。根据实际需要选择航线速度、飞行高度、航线间隔等参数,并设置其他参数,包括航线方向、飞行模式等。

(6)在航线参数设置完成后,可以进行航线预览和调整。可以通过航线预览功能,在地图上查看飞行航线和飞行高度(图5-44),根据需要进行调整。

图 5-44 飞行航线和飞行高度预览

(7)在航线预览和调整完成后,可以保存航线任务。点击"保存",将航线任务保存到本地,以备后续飞行使用。

在航线任务保存完成后,可以进行飞行控制。在飞行界面中,点击"开始飞行",启动无人机飞行并执行航线任务。

5.4.3.3 立面测绘

打开 Waypoint Master(航迹大师)软件,连接无人机和遥控器。确保无人机和遥控器已经连接,且 GNSS 信号良好。

以下为 Waypoint Master 软件立面测绘界面参数介绍。

1. 区域 KML 文件

导入测区的面状 KML 文件,需要在文档对象模型(document object model,DOM)上描绘,并且在房角绘制为钝角时可生产最佳效果航线。

2. 任务分割 KML

分割测区的 KML 线,沿 KML 线切割航线任务,避免航线跨越建筑(建议沿建筑的对角线)。

3. 结果文件夹

生成的航线任务文件及校验文件存放位置。

4. 设计参数

1)预期 GSD

预期的建筑物面分辨率。

2)航向重叠率

沿航线方向每两张照片的重叠率。

3)旁向重叠率

相邻两条航线的重叠率。

4)低点高程

测区底部第一条航线的高程。

5)高点高程

测区顶部第一条航线的高程。

6)采集方向

向内采集为包围建筑物立面生产航线,向外采集为根据输入 KML 范围内凹采集建筑物内部天井立面。

7)包含升高航线

额外生成升高航线补充采集建筑物顶面几何结构。

5. 相对立面距离

飞机与建筑物立面之间的距离,根据需要的分辨率自动计算。

6. 相机选项

相机型号、镜头焦距、镜头俯仰角(默认为0°)等。

7. 生成绝对航高任务

调整好航线参数后,点击生成立面测绘航线(图5-45)。

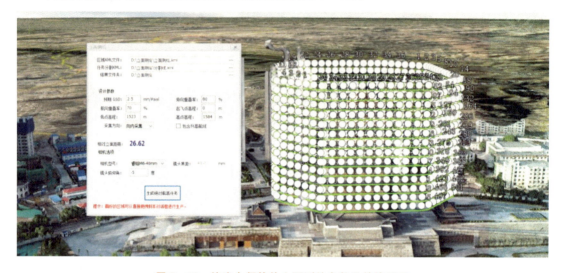

图 5-45　航迹大师软件立面测绘参数及航线展示

5.4.3.4　手动操控注意事项

以下是手动操作无人机时需要注意的事项。

(1)飞行前必须熟悉无人机的操作方法和相关规定,确保飞行区域安全。

(1)在飞行前进行预检,检查无人机是否完好,并确保各个部件正常。

(3)熟练掌握无人机的操控技巧,包括起飞、降落、悬停、转弯、升降等动作。

(4)了解无人机的最大飞行高度和飞行距离限制,严格遵守规定。

(5)在飞行期间要保持集中精力,密切关注无人机的飞行状态。

(6)注意周围环境,避免撞击其他物体或人员。

(7)当发现有人或其他飞行物靠近无人机时,应及时调整飞行高度或方向,避免碰撞。

(8)在飞行过程中,若无人机出现异常情况,例如失控、电量不足等,应立即采取有效措施以保证安全。

(9)在飞行结束后,及时降落并关闭无人机,确保无人机安全存放。

5.4.4 数据处理

5.4.4.1 坐标提取

以下是使用 ContextCapture 软件进行坐标提取的作业流程。

(1)打开项目并选择要提取坐标信息的模型(图 5-46)。

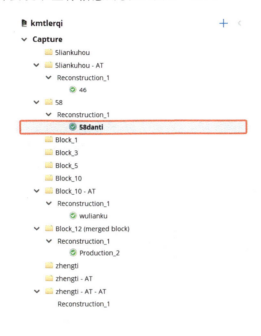

图 5-46 提取坐标信息

(2)从"浏览"选项卡中点击"Result",选择已完成生产项目(图 5-47)。

图 5-47 选择已完成生产项目

(3)选择模型并单击鼠标右键,然后选择测量内容(图5-48)。

图5-48 选择测量内容

(4)在"坐标系"对话框中,选择模型坐标系(图5-49)。

图5-49 选择模型坐标系

5.4.4.2 模型修饰

ModelFun 软件提供了工程、瓦片数据、视图、工具、选择、纹理、设置、帮助等功能,实现对倾斜数据的更新、新建、删除、编辑等操作,如图 5-50 所示。

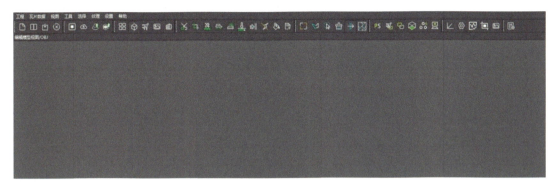

图 5-50 软件界面

以下是使用 ModelFun 软件进行模型修饰的功能介绍。

(1)新建工程(图 5-51)。在"工程"菜单中点击"新建",打开新建工程窗口,输入工程名称,选择工程位置和 osgb 数据位置、obj 数据位置,设置空三影像位置。

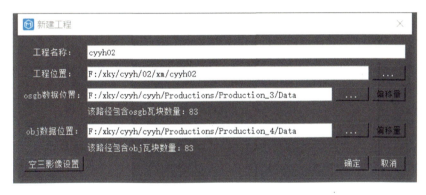

图 5-51 新建工程

(2)备份与恢复(图 5-52)。在"瓦片数据"菜单中点击"备份与恢复",点击"立即备份",备份记录中出现手动备份记录即备份完成。如果有错误操作或者需要还原即可再次点击"备份与恢复",选择之前的手动备份记录,点击"还原备份"即可还原备份(在每次编辑模型后也会自动备份)。

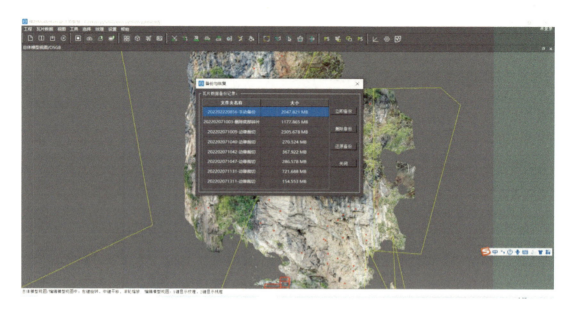

图 5-52　备份与恢复

(3)数据导出。完成模型修改处理后即可导出修改后的数据。

①导出 OBJ/OSGB(图 5-53)。在"瓦片数据"菜单中点击"导出 OBJ/OSGB…",弹出功能对话框,勾选"Obj"和"Osgb",点击"修改过的 Tiles",最后点击"导出"即可。

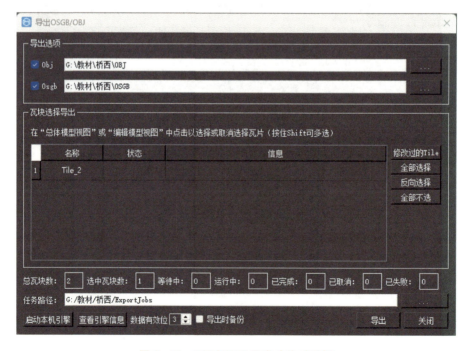

图 5-53　OBJ/OSGB 导出功能对话框

②导出 DOM/DSM(图 5-54)。在"瓦片数据"菜单中点击"导出 DOM/DSM...",弹出功能对话框,勾选导出 DOM/DSM,设置对应参数,瓦片选择方式可以选择数据范围(全瓦块导出)、KML(为导入 KML 文件的范围)和自绘制范围导出。

图 5-54　DOM/DSM 导出功能对话框

(4)删除底部碎片。在"工具"菜单中点击"删除底部碎片",弹出功能对话框(图 5-55),选择种子点,种子点要均匀分布。

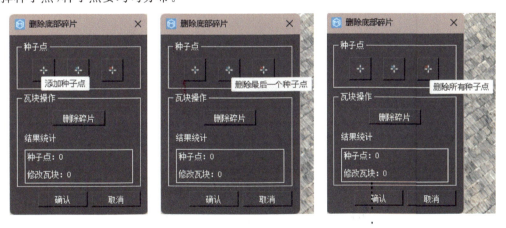

图 5-55　删除底部碎片功能对话框

种子点选择完毕后,点击"删除碎片",删除完毕后点击"确认"。勾选处理完成后的瓦片,在"编辑模型视图/OBJ"进行查看处理结果(图 5-56)。

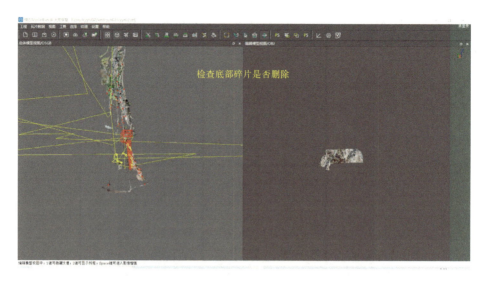

图 5-56　删除底部碎片前后对比

(5)边缘裁切(图 5-57)。在"工具"菜单中点击"测区边缘裁切",弹出功能对话框,点击"绘制裁切范围"绘制需要裁切的范围。在"类型"栏下双击,可选择"删内"或"删外",黄色线条表示删内,蓝色线条表示删外。在裁切线列表内点击右键导出裁切线,确认好裁切范围后点击"裁切选中"。裁切完成后,点击"确认"。勾选处理完成后的瓦片,在"编辑模型视图/OBJ"进行查看处理结果。

图 5-57　边缘裁切操作界面

(6)表面置平(图 5-58)。在"工具"菜单中点击"表面置平",弹出功能对话框,点击"绘制范围",框选需要处理的区域范围,双击结束选中部分会标红,点击"置平"即可完成操作,纹理部分可使用修图软件进行处理。

图 5-58　表面置平操作界面

(7)删除小物件(图 5-59)。删除小物件适用于模型中的悬浮物体。选中需要处理的瓦片,在"工具"菜单中点击"删除小物件",弹出功能对话框,点击悬浮物,则该物体即被红色线框选中按 Delete 键即可删除,或者点击"显示所有漂浮物",显示所选瓦片上全部漂浮物,进行删选后,按 Delete 键可以一键删除。

图 5-59　删除小物件操作界面

(8) 补洞(图 5-60)。选择需要处理的瓦片,在"工具"菜单中点击"补洞",弹出功能对话框,框选需要处理的区域,按住 Ctrl 键可进行反选,按 Delete 键可删除框选区域。"内部孔"适用于单独瓦片含有孔洞的情况;"边界孔"适用于瓦片与瓦片接边处有孔洞的情况,若选择"内部孔"只会填充单个瓦片孔洞;"搭桥"可将两端边界进行桥接。

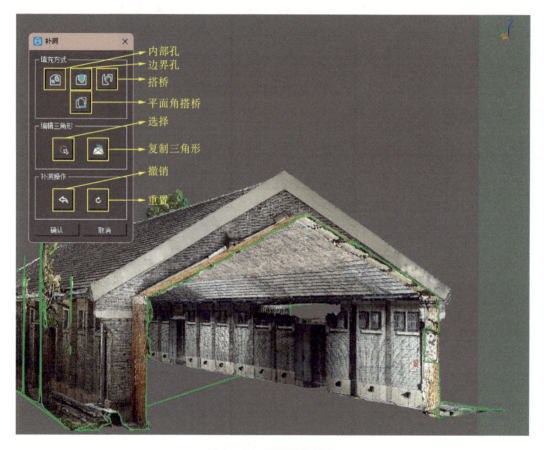

图 5-60　补洞操作界面

(9) 空三映射(图 5-61)。空三映射适用于大范围的纹理映射。在"纹理"菜单中点击"空三映射",弹出功能对话框,绘制需要处理区域范围,绘制完成后按下空格键,系统自动挑选出合适影像。点击"映射当前影像"进行映射,处理完成后点击"确定"完成操作。

(10) PS 当前屏幕。在编辑模型视图中,框选需要编辑的区域,获取所选范围当前视图的纹理图,自动联动至 Photoshop(PS)软件,处理完成后,直接保存,修改效果可直接在"编辑模型视图/OBJ"界面中显示。

第 5 章 建筑类文物摄影测量

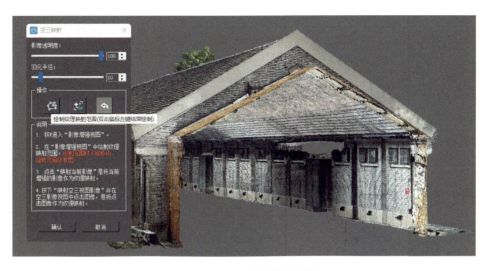

图 5-61 空三映射操作界面

5.4.5 图件制作

5.4.5.1 线划图制作

以下是使用 CAD 软件制作建筑类文物线划图的作业流程。

(1)创建新文件。

①启动 CAD 软件,选择"新建"命令,创建一个新的绘图文件(图 5-62)。

图 5-62 新建绘图文件

②根据需要设置图纸的大小、比例和单位。考虑文物的实际尺寸和绘图的精度要求,选择合适的比例,如1∶50、1∶100等。

(2)图层设置。

在CAD软件中,图层用于组织和管理不同类型的图形元素。创建不同的图层,如轮廓线层、标注层、辅助线层等。为每个图层设置合适的颜色、线型和线宽,以便区分不同的图形元素。例如,轮廓线可以设置为黑色实线,标注线可以设置为蓝色虚线。图5-63为某线划图图层设置示例。

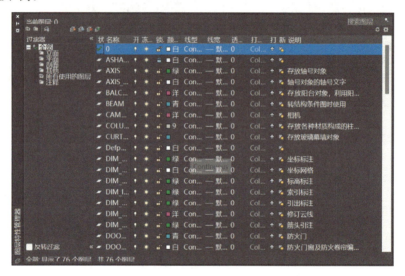

图5-63　图层设置示例

(3)基础轮廓绘制。

①参考收集到的资料和测量数据,使用CAD软件的绘图工具,如直线、圆弧、多段线等,开始绘制文物的基础轮廓。

②从主要的结构部分开始绘制,如建筑物的外墙、柱子、屋顶等。确保轮廓线的准确性和比例协调。

③可以使用CAD软件的捕捉功能和正交模式,提高绘图的精度和效率。

图5-64为某线划图基础轮廓示例。

(4)细节添加。

①在基础轮廓的基础上,逐步添加文物的细节部分,如门窗、装饰、雕刻等。

②使用CAD软件的复制、镜像、阵列等命令,快速绘制重复的部分。

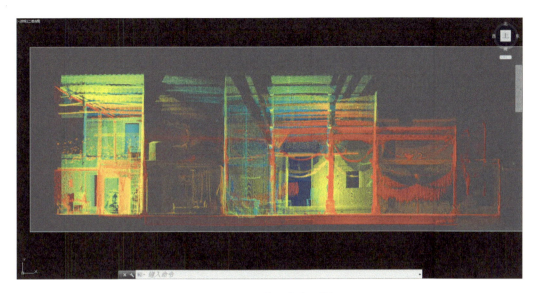

图 5-64 基础轮廓示例

③对于复杂的细节,可以使用 CAD 软件的三维建模功能进行辅助设计,然后投影到二维平面上进行线划图的绘制。

图 5-65 为某线划图细节添加效果示例。

图 5-65 细节添加效果示例

(5)尺寸标注和文字说明。

①创建标注层,使用 CAD 软件的标注工具,如线性标注、半径标注、角度标注等,为文物线划图添加尺寸标注。

②标注应清晰、准确,包括文物的主要尺寸、间距、高度等,标注单位应与图纸设置的单位一致。

③在适当的位置添加文字说明,介绍文物的名称、历史背景、特点等信息,文字说明应简洁明了,易于理解。

图 5-66 为某线划图尺寸标注和文字说明示例。

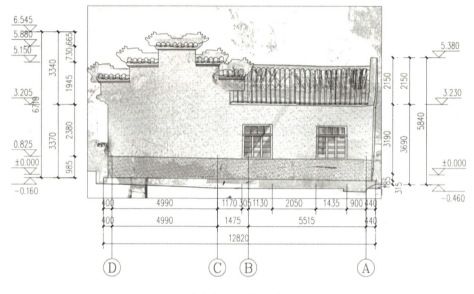

图 5-66　尺寸标注和文字说明示例

(6)检查和修正。

①仔细检查绘制的线划图,确保图形的准确性、完整性和规范性。

②检查尺寸标注是否正确,文字说明是否清晰。发现错误或不合理的地方,及时进行修正。

③可以使用 CAD 软件的视图缩放、平移等功能,从不同角度查看线划图,确保没有遗漏或错误。

(7)输出和保存。

①根据需要选择合适的输出格式,如 DWG、PDF、JPEG 等。如果需要打印,设置打印参数,确保输出的线划图质量清晰(图 5-67)。

②将绘制完成的线划图保存为 CAD 文件,以便后续的修改和使用。同时,备份重要的绘图文件,防止数据丢失。

第 5 章 建筑类文物摄影测量

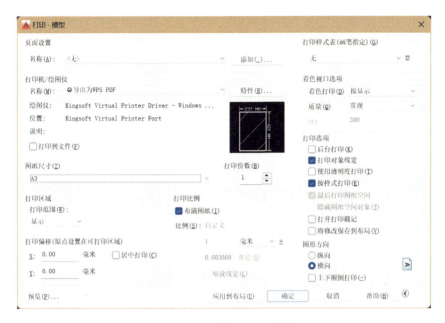

图 5-67 线划图打印设置

5.4.5.2 正射图

以下是使用 ContextCapture 软件进行正射影像图制作的作业流程。

(1) 打开 ContextCapture 软件,并选择要制作正射影像图的项目(图 5-68)。

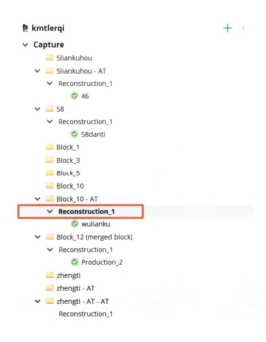

图 5-68 选择正射影像图

(2)在软件中选择"新建任务"命令,然后在生产项目定义对话框目的栏中勾选"导出正射影像/DSM"选项(图 5-69)。

图 5-69　新建正射影像图

(3)在"格式/选项"栏中设置正射影像图的输出参数,包括输出文件格式等(图 5-70)。

图 5-70　正射影像图输出参数设置

(4) 在导入过程中,需要设置图像的坐标系。在"Spatial Reference System"栏根据实际需要进行设置(图 5-71)。

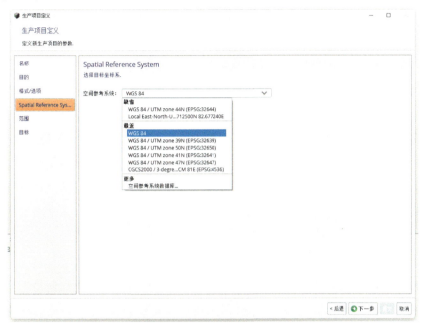

图 5-71　正射影像图坐标系设置

(5) 在图像导入完成后,可以进行图像处理和匹配。ContextCapture 软件会自动对图像进行匹配和校正,建立三维模型和正射影像图。

(6) 在图像处理和匹配完成后,可以选择输出命令,将正射影像图导出为需要的格式并选择导出文件夹(图 5-72)。

图 5-72　正射影像图导出

(7)正射影像图制作完成后,可以进行检查和修正。可以使用 ContextCapture 软件提供的质量检查工具,检查正射影像图的几何精度、纹理质量等方面的问题,并进行修正。

5.5 近景摄影测量

近景摄影测量(close-range photogrammetry)是利用摄影机在近距离范围内对对象进行拍摄,并根据拍摄的影像进行测量、分析和建模的技术。在近景摄影测量中,通过摄影机的旋转、移动等操作,以不同的视角拍摄对象,从而获取不同方向的影像。在此基础上,利用测量技术进行三维重构,生成被测量对象的模型,以实现对测量对象的精确测量和分析。近景摄影测量的应用十分广泛,主要包括古建筑与古文物摄影测量、生物医学摄影测量、工业摄影测量等领域。

5.5.1 近景摄影测量的来源

近景摄影测量的历史可以追溯到 19 世纪,当时人们已经开始研究如何使用照相机进行测量和制图。19 世纪中叶,法国学者艾梅·洛瑟达(Aimé Laussedat)将照相机应用于测绘工作中,开创了近景摄影测量的先河。此后,人们逐渐发现了近景摄影测量的巨大潜力,并开始探索其在各个领域中的应用。

20 世纪初期,德国的保罗·维甘德(Paul Wigand)和美国的乔治·劳伦斯(George Lawrence)分别研究了近景摄影测量的方法和技术,并成功地将其应用于工程、建筑等领域。此后,近景摄影测量在全球范围内得到了广泛的应用和推广。

20 世纪 50 年代,随着计算机技术的发展,近景摄影测量开始向数字化和自动化的方向发展。人们开始研究如何将照片数字化,并使用计算机进行图像处理和测量分析。随着计算机软硬件技术的不断升级和发展,近景摄影测量的精度和效率得到了极大的提高。

5.5.2 前期准备

建筑类文物近景摄影测量的前期准备工作主要包括以下几个方面。

1. 测量任务分析

明确建筑类文物的测量目的、内容、精度要求等。

2. 了解拍摄现场

确定拍摄方位、角度、高度等,为后续测量提供基础数据。

3. 准备测量仪器和设备

包括摄像机、三脚架、测量工具、计算机等。

4. 拍摄前进行现场勘测

测量建筑物的地形、高程、横纵坐标等基础数据,为后续测量提供支持。

5. 进行灯光设置

保证建筑物表面细节的清晰度和画面的美观度。

6. 进行标注

标注建筑物的主要特征和测量点位置,确保后续的数据处理正确性。

7. 选择合适的拍摄时间

避免光线和周围环境的影响,提高拍摄效果。

5.5.2.1 仪器的选择

近景摄影测量仪器一般以全画幅相机(图5-73)为主,例如索尼α系列、尼康D系列、松下S系列、佳能EOS等。

(a) 索尼α7R5　　　　　　　　(b) 尼康D850

图 5-73　常见全画幅相机

5.5.2.2 仪器调试

建筑类文物近景摄影测量中使用的相机需要进行以下几个方面的调试。

1. 相机校准

进行相机的焦距校正、内部光学畸变校正、外部光学畸变校正、白平衡校准等。

2. 测量标定板校准

在拍摄前使用已知大小的标定板(图5-74)对相机进行校准,以确保图像中物体的大小和位置测量的准确性。

3. 调整镜头

根据拍摄对象的大小和距离调整镜头的焦距和视角,以确保图像的清晰度和覆盖面积。

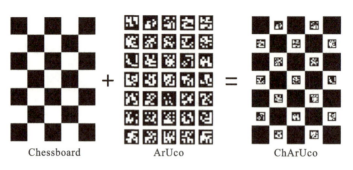

图 5-74 相机标定板

4. 调整相机参数

根据拍摄环境和目标对象的特殊要求调整相机参数,例如快门速度、光圈大小、ISO 灵敏度等。

5. 测量参考标志的布置

在拍摄现场布置适当的标志和参考点,以便在后期数据处理中进行基准校正和图像匹配。近景摄影测量参考标志可参考贴近摄影测量参考标志。

5.5.3 现场实施

5.5.3.1 色卡拍摄

参考 5.4.3.1。

5.5.3.2 重叠度控制

1. 设定相机参数

在进行拍摄前,需要根据实际情况设定相机的焦距、光圈、快门速度等参数,获得合适的场景覆盖范围和像片重叠度。

2. 控制拍摄距离和角度

在进行拍摄时,需要根据实际情况控制拍摄距离和角度,获得合适的照片重叠度。一般来说,像片重叠度应为 60%~80%。

3. 使用测量工具

在进行拍摄时,可以使用测量工具(如测量棒、定位器等)对相机进行校正和定位,以确保拍摄时的稳定性和准确性,从而控制像片重叠度。

4. 采用自动化控制技术

有一些无人机、激光扫描等设备可以采用自动化控制技术在设定好的参数范围内自动控制拍摄距离和角度,从而实现对像片重叠度的控制。

5.5.3.3 光线布设

进行建筑室内摄影时,灯光布设可以提高场景的亮度和色彩还原度,同时突出建筑物的特点和美感。以下是灯光布设的几个建议。

1. 控制照射方向

选择适当的照射方向可以突出建筑物的特点和线条,增强空间感和景深。一般来说,采用从不同方向交错照射的方法可以使整个房间的光线更加均匀。

2. 选择合适光源

LED灯具是非常适合室内摄影拍摄的灯光之一。它具有色彩还原度高、能量消耗低、使用寿命长等特点。另外,对于需要低亮度拍摄的建筑庭院,可以使用一些柔和的灯光,以弥补拍摄光线的不足。

3. 控制镜头直射光和反射光

建筑室内空间经常有反光和明暗深浅不一的情况。因此,在灯光设置时要使直射光和反射光均匀分配,让室内的反光反映出空间的深度。调整相机的曝光方式,避免反射光过于强烈影响到景深的表现。

4. 控制色彩温度

不同色彩温度的灯光会影响拍摄效果。建议在灯光布设时,选择与环境色彩温度相同的灯光,以保证色彩还原度。如果室内的画面需要突出色彩对比度,可以增加暖色调的灯光。

5.5.3.4 参数选择

在进行摄影测量时,参数选择对于测量结果的准确性和精度有着非常重要的影响。参数选择的重要性主要体现在以下几个方面。

1. 决定像片质量

参数选择会影响像片的分辨率、清晰度、噪点等,这些因素直接影响摄影测量的精度和准确性。

2. 确定测量范围

参数选择会影响像片的覆盖范围和重叠度,这些因素又会决定测量的范围和精度,因此选择合适的参数可以确保测量结果的准确性和可靠性。

3. 影响后续处理

参数选择直接影响后续处理的难度和精度,如果参数选择不当,可能会导致后续处理失败或者精度不够,从而影响测量结果的可靠性。

第 6 章

建筑类文物三维激光扫描

6.1 三维激光扫描的原理

20世纪60年代激光技术已经开始出现,激光技术以其单一性和高聚积度在20世纪飞速发展,实现了从一维到二维直至今天广泛应用的三维测量的发展,同时,也实现了无合作目标的快速、高精度测量。数字中国概念的提出,可以看到信息表达从二维到三维方向的转化、从静态到动态的过渡将是推动我国信息化建设和社会、经济、资源、环境可持续发展的重要武器。目前,各种各样的三维数据获取工具和手段不断涌现,推动着三维空间数据获取向着实时化、集成化、数字化、动态化和智能化的方向不断发展,三维建模和曲面重构的应用也越来越广泛。传统的测绘技术主要是单点精确测量,难以满足建模中所需要的精度、数量及速度的要求。而三维激光扫描技术采用的是现代高精度传感技术,它可以采用无接触方式深入复杂的现场环境及空间中进行扫描操作,还可以直接获取各种实体或实景的三维数据,得到被测物体表面的采样点集合"点云",具有快速、简便、准确的特点。基于点云模型的数据和距离影像数据可以快速重构出目标物体的三维模型,并能获得三维空间的线、面、体的各种实验数据,例如测绘、计量、分析、仿真、模拟、展示、监测、虚拟现实等。

地面三维激光扫描技术的研究已经成为测绘领域中一个新的研究热点。它采用非接触式高速激光测量的方式,能够获取复杂物体的几何图形数据和影像数据,并由数据处理软件对数据进行处理,转换成绝对坐标系中的空间位置坐标或模型,最终以多种不同的格式输出,满足空间信息数据库的数据源和不同项目的需要。目前这项技术已经广泛应用到文物保护、建筑物变形监测、三维数字地球和城市场景重建、堆积物测定等多个方面。

6.2 前期准备

三维激光扫描前期准备工作主要包括以下几项。

1. 确定扫描对象

选择要扫描的目标对象或场景。

2. 确定扫描区域

根据目标对象或场景的大小、形状等因素确定扫描范围。

3. 准备扫描设备

选择合适的三维激光扫描仪,并根据需要配备三脚架、控制器等辅助设备。

4. 设置扫描参数

根据扫描对象的材质、颜色、形状等因素,调整扫描仪的参数,包括激光功率、分辨率、扫描速度等。

5. 清洁扫描场地

保持扫描区域的清洁,去除灰尘、杂物等,从而获得更准确的扫描结果。

6. 标定扫描仪

根据扫描仪的型号和要求进行标定,从而保证扫描结果的准确性和稳定性。

6.2.1 仪器选择

选择三维激光扫描仪时,需要考虑以下几个因素。

1. 文物类型

不同的文物类型可能需要使用不同类型的扫描仪。对于具有复杂曲面和纹理的雕塑或佛像等文物,需要使用高精度的手持式激光扫描仪;而对于简单的石碑或静物,可以使用固定式扫描仪。

2. 文物大小

文物的大小也是选择扫描仪的因素之一。对于大型文物,需要使用长距离或全站仪类的扫描仪;而对于小型文物,则可以使用便携式的手持扫描仪。

3. 扫描精度

不同的文物需要不同的扫描精度。对于需要高精度扫描的文物,需要使用精度更高的激光扫描仪;而对于一般文物,则可以使用较为普通的扫描仪。

4. 扫描速度

扫描速度也是选择扫描仪的重要因素之一。一般来说,对于大型文物,需要选择扫描速度较快的扫描仪,以节约时间和人力成本。

6.2.2 布站预设

建筑类文物三维激光扫描的扫描布站需要考虑以下几个方面。

1. 确定扫描点位置

根据建筑类文物的特点确定扫描点的位置,一般需考虑光源的照射角度和距离、文物建筑表面的复杂度等。

2. 制定扫描路径

根据建筑类文物的特点和扫描点位置制定扫描路径,尽量规避遮挡和重复扫描,保证扫描覆盖率和精度。

3. 确定扫描参数

根据建筑类文物的特点和扫描路径,确定激光扫描的参数,包括分辨率、点密度、激光功率等。

4. 布置扫描设备

根据扫描点位置和路径,布置激光扫描设备,保证激光扫描设备的稳定性和安全性,同时保证扫描设备的运行不会对文物造成损害。

6.2.3 精度校验

精度校验是在进行大空间三维激光扫描之后,对数据进行验证和校准的过程,从而确保扫描结果的准确性和完整性。以下是大空间三维激光扫描后进行精度校验的方法。

1. 交叉验证

使用不同位置或角度的激光扫描仪进行扫描,并将扫描结果进行比对,确认数据的一致性。

2. 控制点对齐

先在扫描场地内设立一些已知位置的控制点,再将扫描数据与这些点进行对齐,检查扫描数据是否准确。

3. 误差分析

进行误差分析,并在扫描过程中及时调整设备和参数,避免数据采集过程中出现的误差。

4. 数据平滑

采用数据平滑算法对扫描结果进行过滤和平滑,在保证数据完整性的同时,减少数据中的噪声和误差。

5. 模型匹配

使用模型匹配算法将扫描数据与原始设计模型进行匹配,确保扫描结果的精度和完整性。

6. 云数据分类

使用云数据分类算法对扫描结果进行分类处理,区分不同物体和表面,并确保数据的准确性和完整性。

7.细节分析

对扫描数据进行细节分析,检查扫描结果的精细程度和完整性,例如是否漏扫、扫描深度等。

8.掩膜过滤

使用掩膜过滤算法对扫描结果进行过滤,排除目标区域之外的信息,确保数据的准确性和完整性。

9.重投影校正

采用重投影校正算法将扫描结果重新投影到场地平面上,检查扫描结果的平面精度和完整性。

10.手动检查

进行扫描数据的手动检查,确认数据的准确性和完整性,并进行必要的修正和调整。

6.3 现场实施

1.Faro S350 激光扫描仪现场实施流程

以下是 Faro S350 激光扫描仪现场实施的详细流程。

(1)现场勘探。在进行扫描前需要对待测物体进行现场勘探,确定扫描区域和扫描方向,并设置扫描参数。

(2)安装设备。将 Faro S350 激光扫描仪安装到三脚架上并固定。连接电源和计算机,启动软件程序。

(3)设定坐标系。根据实际情况设定扫描区域的坐标系,标记好地面控制点或参考点,以便后期数据融合与处理。

(4)进行扫描。按照设定的扫描参数进行扫描操作。根据实际情况使用自动或手动扫描模式。

(5)数据处理。扫描完成后,使用 FARO 软件对数据进行融合和处理,如进行点云配准、曲面重构、数据分析等操作。

(6)导出数据。完成数据处理后,将数据导出为指定格式的文件,可以使用 FARO 软件内置的导出功能来导出文件,也可以使用第三方软件进行进一步处理。

2.控制像片重叠度措施

要控制三维激光扫描时的像片重叠度,可以采取以下几个措施。

(1)确定扫描区域的范围和形状,制定合理的扫描路径,保证整个扫描区域能够被完整覆盖,避免遗漏。

(2)在扫描的过程中,需要保证光线的平行性和聚焦度,避免光线散布和重叠导致扫描不清晰和内容缺失。

(3)设置合适的扫描参数,包括扫描分辨率、重叠度、采样率等,确保扫描数据的精度和完整性。

(4)在扫描的过程中,可以采用多个扫描位置交替扫描的方法,确保像片重叠度达到要求。

(5)通过数据处理和配准等方法对扫描得到的数据进行补洞和拼接,保障三维模型的完整性和准确性。

(6)对扫描设备进行定期的维护和校准,确保设备的性能和精度,避免因设备本身问题导致扫描数据不准确或者存在遗漏。

6.4 数据处理

三维激光扫描数据处理需要进行点云拼接、点云去噪和封装建模。

1. 点云拼接

在三维激光扫描中,往往需要对不同的扫描数据进行拼接,以生成整体的三维模型。点云拼接就是将不同的点云数据拼接在一起,形成一个完整的点云集合。

2. 点云去噪

在三维激光扫描中,往往会因为环境噪声、扫描系统误差等原因导致点云数据中存在噪声点,这些噪声点会严重影响后续的处理和建模结果。点云去噪就是将这些噪声点去除,使得点云数据更加准确、可靠。

3. 封装建模

在点云拼接和去噪后,点云数据就可以用来进行建模。封装建模就是将点云数据转化为几何模型或曲面模型,便于后续的应用和分析。将点云数据转换为模型时需要进行表面拟合、光滑处理、拓扑结构生成等操作,使得模型的准确性和鲁棒性更好。

这三个步骤可以相互补充,共同完成三维激光扫描数据的处理,使得数据更加精确和可靠,有利于后续数据的应用和分析。

6.4.1 点云拼接

SCENE 软件是一款点云处理软件,可以用于点云拼接。以下是使用 SCENE 软件进行点云拼接的作业流程。

(1) 导入点云数据。在 SCENE 软件中打开一个新项目,并将需要拼接的点云导入到该项目中。在"导入"菜单点击"导入扫描"将点云文件导入(图 6-1)。

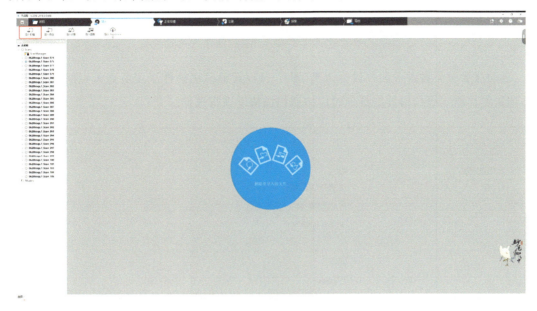

图 6-1　导入点云数据

(2) 执行处理。在"正在处理"菜单点击"配置处理"(图 6-2)。根据项目要求对过滤器进行选择,建议最小距离设置 0.6 m,最大距离按照项目要求精度及扫描仪标注 10 m 处精度进行推算。

图 6-2　点云拼接配置处理

(3)执行拼接。在"注册"菜单点击"自动注册"(图6-3)。

图6-3 点云拼接自动注册

自动注册时需对以下参数进行调整(图6-4),其中二次抽样决定着点云点间距及点密度,建筑类文物三维扫描数据处理时应按照扫描精度进行选择。

图6-4 点云拼接自动注册参数调整

高级设置中的最大迭代数决定两站点云拼接间尝试拼接的次数,最大搜索距离决定点云拼接取样的距离,同样决定拼接效果。根据拼接效果对两项参数进行调整,调整方法见表6-1。

表6-1 点云拼接拼接问题及参数调整方法

拼接问题	迭代次数调整	最大搜索距离调整
拼接失败	暂不调整	加大参数
分层严重	加大参数	暂不调整
拼接运行失败	减小参数	暂不调整
整体分层、部分拼接失败	加大参数	加大参数

对调整后拼接失败内容进行手动注册拼接(图 6-5),手动注册拼接应以使用"标记球体"标记标靶球为准,未布置标靶球时尽量使用"标记点"对两站数据进行拼接,"平面标记"出现点云分层风险较大。拼接完成点击"注册并验证"。对拼接内容进行验证,保障数据无明显分层情况。

图 6-5　点云拼接手动注册拼接

(4)优化拼接结果。完成拼接后,点击"优化注册"可以对结果进行优化(图 6-6)。SCENE 软件支持的优化算法包括光滑、重采样、网格光滑、去噪等。可以通过更改参数来优化拼接结果。

图 6-6　点云拼接优化拼接结果

(5)数据导出。对拼接完成数据进行导出,根据项目后续要求选择数据格式并进行留存。一般情况,后续使用 Geomagic studio 软件进行数据处理时导出 WRL 格式,拼接完成后点云数据留存一般留存 E57 格式(图 6-7)。

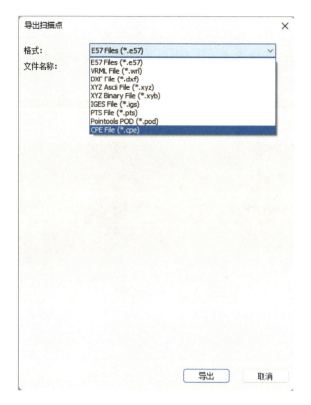

图 6-7　点云拼接导出扫描点

6.4.2　点云去噪

Geomagic Studio 软件是一款常用的点云处理软件,其中点云去噪是点云处理中的一个重要步骤。以下是使用 Geomagic Studio 软件进行点云去噪的作业流程。

(1)打开点云文件。点击"导入"或直接拖曳文件至软件界面中(图 6-8)。导入时,选择采样比例为 100%,单位以 mm 为准(古建筑单位常用选择)。

(2)点云采样。在保证建模精度的前提下,对点云数据进行重采样可以有效地消除其中的冗余数据,有效减少噪声(软件中的"噪音")对后期处理和应用的影响。Geomagic Studio 软件提供了 4 种重采样的方法,分别为曲率采样、等距采样、统一采样和随机采样。在基本项目中,我们通常采用统一采样的方法(图 6-9),根据项目要求设置点云间隔。除非有特殊要求,否则一般不进行拼接后点云的采样。

第 6 章　建筑类文物三维激光扫描

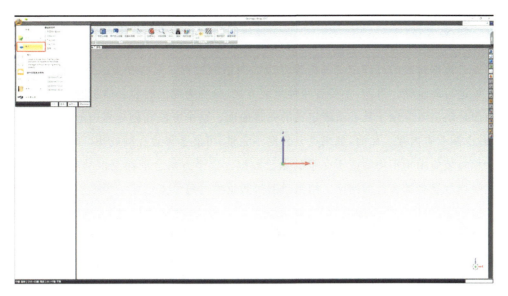

图 6-8　点云去噪文件导入

图 6-9　点云采样中统一采样

（3）去噪处理。点云降噪的主要目的是减少点云或模型数据中的噪声点。在扫描或数字化过程中，常常会引入噪声点。在曲面模型上，粗糙和非均匀的外表被视为"噪音数据"。扫描设备的轻微震动、扫描仪测量直径误差或实物表面质量较差都可能引入噪声点，这些噪声点的存在不仅会浪费计算机的存储空间，影响点云数据的整体质量，还会对模型构建的精度产生影响。因此，实施"点云降噪"可以最大限度地减少数据中的噪声点，更好地展现被扫描对象的真实状态。图 6-10 为点云去噪中噪声点及去噪前后对比。

(a) 去噪前　　　　　　　　(b) 噪声点　　　　　　　　(c) 去噪后

图 6-10　点云去噪中噪声点及去噪前后对比

· 153 ·

6.4.3 封装建模

将点云数据封装的过程定义为构建多边形网格的过程。只有在点云数据处理完毕后,我们才可进行此步骤。目前,主要有两种封装方法,分别为曲面封装和体积封装。

曲面封装主要应用于具有清晰定义的完整曲面。这个方法在创建多边形网格时通常更快,同时也能节省内存。然而,如果点云数据不完整,可能会导致孔洞或缺口等现象的产生。

体积封装应用于不均匀或不完整的点云数据。这个方法会消耗更多的时间和内存,并创建比平均数更多的多边形网格。结果是通过数据中的每个点创建一个多边形网格。

一般来说,可以先尝试曲面封装,如果结果不理想,再尝试体积封装。对于精度要求较高的项目,推荐使用曲面封装方法。对产生孔洞的地方,我们需要在后期进行人工处理。

在点云封装前,需要保留已注册的整体数据并提交给客户。

其中重要的参数为"设置""采样""高级"(图 6-11),"设置"主要对点云封装时的噪点进行处理选择,"采样"中的"最大三角形数"一般是点云数量的 1.5~2 倍。

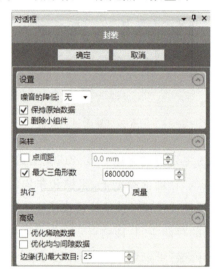

图 6-11 封装建模参数设置

最后,在 Geomagic Studio 软件中点击"封装"(图 6-12)即可完成。

图 6-12 封装建模

封装完成后效果图见图 6-13。在完成点云封装后,可以进入多边形三维建模阶段。

图 6-13 封装效果图

6.5 线划图制作

参考 5.4.5.1。

6.6 三角网模型的生成

以下是使用 ContextCapture 软件进行点云数据与影像数据融合建模的作业流程。

(1)点云配准。在影像对齐后,需要将点云数据配准到网格上。可以使用点云配准工具进行配准操作。

(2)使用影像数据和点云数据进行三维建模。可以使用体元建模、线框建模等方法进行建模,并根据实际情况进行调整和优化。

(3)导出三维模型数据。ContextCapture 软件支持多种文件格式的输出,例如 OBJ、SKP、FBX 等格式。

第 7 章

建筑类文物监测

7.1 沉降监测

7.1.1 沉降监测一般步骤

建筑类文物沉降监测是一个非常重要的工作,监测建筑类文物周围土地的沉降情况可以及时发现并采取措施避免文物损坏,以下是沉降监测的一般步骤。

1. 前期准备

1)资料收集

收集建筑类文物的设计图纸、历史修缮记录等,了解其基础结构和可能存在沉降风险的部位。查阅建筑类文物所在地的地质勘察报告,掌握地质条件,如土壤类型、地下水位等,评估其对沉降的影响。

2)现场勘查

对建筑类文物进行实地勘查,确定适合安装仪器(一般为静力水准仪)的位置,一般选择在建筑类文物的柱子底部、承重墙附近等关键部位。考虑建筑类文物的保护要求,选择安装方式时要避免对建筑类文物造成损坏,可以采用非破坏性的安装方法,如使用特殊的夹具或粘贴式安装座。

3)设备选型

根据建筑类文物的规模和监测精度要求,选择合适量程和精度的静力水准仪。一般来说,对于建筑类文物的沉降监测,精度应在亚毫米级别。考虑设备的稳定性和耐久性,确保能够在长期监测过程中可靠工作。同时,要选择具有良好防护性能的设备,以适应不同的环境条件。

2.传感器安装

1)安装位置确定

在选定的安装位置进行标记,确保各个传感器的安装高度相对一致,这是保证监测数据准确性的重要前提。安装位置应尽量避开可能受到外界干扰的区域,如振动源、电磁场等。

2)安装方法

对于建筑类文物的柱子底部等部位,可以使用特制的安装夹具将传感器固定在柱子上。夹具的设计应考虑建筑类文物的结构特点,确保安装牢固且不会对柱子造成损伤。在承重墙附近可以采用粘贴式安装座,将传感器粘贴在墙上。粘贴前要确保墙面清洁、干燥,以保证粘贴的牢固性。

3)调试与校准

安装完成后,对传感器进行调试。检查各个传感器的工作状态,确保数据传输正常。进行校准工作,通过与已知高程点进行对比,调整传感器的初始读数,确保监测数据的准确性。可以使用高精度的水准仪或全站仪进行校准。

3.数据采集与传输

1)数据采集

设置数据采集频率,根据建筑类文物的重要性和沉降风险程度确定合适的采集间隔。一般来说,对于重要的建筑类文物,可以采用较高的采集频率,如每小时一次或更短时间间隔。使用数据采集设备定期采集传感器的数据,可以采用自动化的数据采集系统,实现无人值守的数据采集。

2)数据传输

将采集到的数据通过有线或无线方式传输到数据中心或监测平台。对于建筑类文物,由于其环境的特殊性,可能需要采用无线传输方式,如使用 GPRS、LoRa 等技术。确保数据传输的稳定性和可靠性,避免数据丢失或传输错误,可以采用数据加密和校验等技术,提高数据传输的安全性。

4.数据分析与处理

1)数据预处理

对采集到的数据进行初步处理,去除数据中的异常值和噪声,可以采用统计学方法或滤波技术,如均值滤波、中值滤波等。

(1)统计学方法。

①异常值检测。可以使用箱线图法来检测异常值。箱线图通过展示数据的中位数、上下四分位数以及数据的分布范围,能够直观地识别出异常值。

计算方法:首先计算一组数据的下四分位数(Q_1)、中位数(Q_2)和上四分位数(Q_3)。下四分位数是数据排序后位于25%位置的数值,上四分位数是位于75%位置的数值。

异常值判断标准:数据小于$Q_1-1.5\times(Q_3-Q_1)$或大于$Q_3+1.5\times(Q_3-Q_1)$的值被认为是异常值。

去除异常值:一旦检测到异常值,可以选择将其从数据集中删除。但在删除异常值时,需要谨慎考虑异常值产生的原因,避免误删真正的数据点。

如果异常值较少,可以直接删除;如果异常值较多,需要进一步分析异常值产生的原因,可能是测量误差、设备故障等,采取相应的措施进行处理。

(2)滤波技术。

①均值滤波。均值滤波是一种线性滤波方法,它用周围数据点的平均值来代替当前数据点的值,从而达到平滑数据、去除噪声的目的。

②中值滤波。中值滤波是一种非线性滤波方法,它用周围数据点的中值来代替当前数据点的值,对于去除脉冲噪声等异常值非常有效。

检查数据的完整性,对于缺失的数据可以采用插值法或其他方法进行补充。

2)数据分析

分析传感器监测数据的变化趋势,判断建筑类文物是否存在沉降现象。可以通过绘制沉降曲线、计算沉降速率等方法进行分析。对比不同位置的传感器数据,评估建筑类文物的不均匀沉降情况。如果发现不均匀沉降,应进一步分析其原因,可能与地质条件、基础结构等因素有关。

3)结果评估

根据数据分析结果,评估建筑类文物的沉降情况和安全状态。如果沉降超过一定的限值,应及时发出预警,采取相应的保护措施。结合建筑类文物的历史数据和现场勘查情况,对沉降原因进行综合分析,为制定保护和修缮方案提供依据。

7.1.2 水准仪沉降监测

水准仪是建筑类文物沉降监测中最为常用的仪器之一,以下是使用水准仪进行建筑类文物沉降监测的具体作业流程。

1. 前期准备

1)资料收集

收集建筑类文物的相关图纸、历史沉降数据、周边地质环境资料等,了解文物的结构特点、基础形式以及可能影响沉降的因素。

2)方案制定

根据建筑类文物的特点和监测要求,参考高程控制测量制定详细的沉降监测方案,确定监测点的布置、监测频率、精度要求等。

3)设备准备

准备高精度的水准仪、水准尺、三脚架等测量设备,确保设备经过校准,精度满足监测要求。

2.监测点布置

1)选择关键部位

在建筑类文物的基础、柱子底部、墙体转角等关键部位布置监测点,监测点应具有代表性,能够反映建筑类文物的整体沉降情况。

2)标记监测点

使用明显的标记物对监测点进行标记,便于后续测量时准确找到监测点位置。

3)建立基准点

在建筑类文物周边稳定的区域建立基准点,作为测量的参考基准。基准点应选择在地质稳定、不受施工等因素影响的地方。

3.测量实施

1)仪器架设

将水准仪架设在稳定的位置,调整三脚架高度,使水准仪视线水平。

2)观测顺序

按照预先确定的观测顺序,依次对监测点和基准点进行观测。观测时应严格遵守测量规范,确保读数准确。

3)数据记录

记录每个监测点的高程数据,同时记录观测时间、天气情况等信息。

4.数据处理与分析

1)数据整理

对观测得到的高程数据进行整理,计算每个监测点相对于基准点的高差。

2)计算公式

沉降量计算公式为 $H_n - H_0$,其中 H_n 为本次监测时监测点高程,H_0 为初始监测时监测点高程。沉降速率则为相邻两次监测的沉降量之差除以监测时间间隔。

3)绘制沉降曲线

根据不同时期的监测数据,绘制沉降曲线,直观反映建筑类文物的沉降变化趋势。

4)分析沉降原因

结合建筑类文物的结构特点、周边环境变化等因素,分析沉降的原因。判断沉降是否在允许范围内,是否存在安全隐患。通过对比不同监测点的沉降量和沉降速率,可以发现建筑类文物是否存在不均匀沉降的情况。如果某些监测点的沉降量明显大于其他监测点,或者沉降速率变化较大,可能表明该区域存在不均匀沉降问题,需要进一步分析原因并采取相应的保护措施。

5. 报告编制

根据监测数据和分析结果,编写详细的监测报告。监测报告应包括监测目的、监测方法、监测结果、分析结论、建议措施等内容。

7.2 倾斜监测

以下是使用全站仪进行建筑类文物倾斜监测的作业流程。

1. 监测点布置

1) 选择关键部位

在建筑类文物的角点、柱子顶部、墙体中部等位置选择监测点,这些部位能够较好地反映文物的整体倾斜情况。监测点应具有明显的特征,便于识别和测量。

2) 安装测量标志

在监测点上安装棱镜或其他测量标志,确保标志牢固可靠,不会因风吹、震动等因素而移动。对测量标志进行编号,以便后续数据处理和分析。

2. 全站仪设站与观测

1) 设站

根据规划的设站位置,将全站仪安装在三脚架上,并进行精确整平。设置全站仪的参数,如测量模式、精度等级、气象改正等。固定的改正参数通常包括温度、气压改正,根据实际测量时的环境温度和气压值输入全站仪进行自动改正。之后根据已知控制点进行定向,确保测量坐标系统的准确性。检查定向精度,确保误差在允许范围内。

2) 观测

按照预定的观测路线依次对监测点进行观测,记录每个监测点的三维坐标。观测时应注意避免遮挡物影响视线,确保测量的准确性。对于重要的监测点,可以进行多次重复观测,取平均值以提高精度。

3. 数据处理与分析

1) 数据整理

将观测得到的监测点坐标数据导入计算机,进行数据整理和检查,去除异常值和错误数据。对数据进行平差处理,提高测量精度。

2) 计算倾斜度

假设选定两个监测点 A、B,其坐标分别为 (X_1,Y_1,Z_1) 和 (X_2,Y_2,Z_2),两点之间的水平

距离 $L=\sqrt{(X_2-X_1)^2+(Y_2-Y_1)^2}$，两点之间的高差 $h=Z_2-Z_1$。则倾斜度 $i=h/L\times 100\%$。可以采用多种方法计算倾斜度，如投影法、最小二乘法等。

3）绘制倾斜变化曲线

根据不同时期的监测数据，绘制建筑类文物倾斜度随时间的变化曲线，直观反映其倾斜发展趋势。

4）分析倾斜原因

结合建筑类文物的结构特点、周边环境变化等因素，分析其倾斜的原因。评估倾斜对建筑类文物安全的影响，判断是否需要采取相应的保护措施。

4. 报告编制与提交

根据监测数据和分析结果编写详细的监测报告。监测报告应包括监测目的、监测方法、监测结果、分析结论、建议措施等内容。

7.3 交会监测

1. 准备工作

1）测量工作

（1）高精度全站仪：用于角度和距离测量，确保测量精度满足监测要求。

（2）三脚架：稳定支撑全站仪。

（3）棱镜或反射片：安装在已知控制点和监测点上，用于反射全站仪发出的信号。

2）已知控制点

至少有两个（前方交会监测）或三个（后方交汇监测）已知坐标的控制点，其位置应稳定且在监测区域周围易于观测到。这些控制点的坐标精度直接影响监测结果的准确性。

3）监测点布置

在建筑类文物上选择关键部位设置监测点，如建筑物的角点、柱子顶部等，监测点应便于安装棱镜或反射片且不易被破坏。

2. 前后方交会监测的区别

前方交会通常需要在建筑类文物本体周边选择两个已知控制点，且这两个控制点与监测点之间的视线要良好，不能有过多遮挡。其对控制点的位置选择有一定局限性，一般需在建筑类文物周围的地面上进行较为精确的布设，以确保能够准确观测到监测点。测量过程是通过在两个已知控制点上分别观测监测点，测量角度来确定监测点的位置，相对较为直接，但需保证两个控制点的稳定性和准确性，适用于文物周边有较为开阔场地，且控制点易于布设和维护的情况。

而后方交会则具有很大优势，它可以相对随意布站，不需要严格按照特定几何形状进行控制点的布设，并且控制点可以布设在建筑群周围，不一定局限于建筑类文物本体周边的地面。例如在一些古建筑群中，可能由于周边建筑物遮挡或者地形限制，无法在文物本体周边直接布设控制点，此时后方交会可利用建筑群周围的高点、稳定建筑物等作为控制点，扩大了监测的可行性。测量过程是在未知点（监测点）上观测多个已知控制点，通过测量角度来计算监测点的坐标，虽相对复杂一些，但能利用更多已知信息提高监测精度，适用于文物周边地形复杂、空间受限或者无法在文物本体周边直接布设控制点的情况。对于一些大型古建筑群的监测，后方交会能充分利用周围环境，选择更加稳定和可靠的控制点，提高监测的准确性和可靠性。因此，在具体的项目实施用，使用后方交会的场景更多，也更利于保护文物。

7.4　三维激光扫描

使用三维激光扫描技术对建筑类文物进行监测，兼具显著优势与一定劣势。

1. 高精度

三维激光扫描技术能够迅速且准确地获取建筑类文物的三维点云数据，精度可达毫米级别，可详尽记录建筑类文物的几何形状、纹理以及细节特征，为后续的分析与保护工作提供高精准度的数据基础。相较于传统测量方法，如全站仪测量等，三维激光扫描能够在更短的时间内采集大量的数据点，从而减少测量误差的累积。

2. 非接触式

三维激光扫描技术对建筑类文物本体不产生任何接触，有效避免了因接触而可能导致的文物损坏，这对于珍贵的建筑类文物而言至关重要。无需在文物上设置测量标志，既减少了对文物外观的影响，又提升了测量效率。

3. 全面性与完整性

三维激光扫描技术能够一次性获取文物的整体三维数据，涵盖难以到达的部位或复杂结构。无论是建筑物的外部轮廓还是内部空间，皆能得到完整记录。同时，能够捕捉文物的细微变化，如裂缝的发展、表面的侵蚀等，为及时发现文物的病害和安全隐患提供有力支撑。

4. 数据可视化与可重复性强

通过专业软件，可将三维点云数据进行可视化处理，直观地展现文物的三维形态和结构，有助于文物保护和管理人员更好地理解文物现状，进而制定更为科学的保护方案。数据可以多次重复使用，便于进行不同时期的对比分析，以监测文物的变形和损坏情况随时间的变化趋势。

一方面,三维激光扫描仪的价格相对昂贵,尤其是高精度的设备,对于一些资金有限的文物保护单位而言,可能构成较大的经济负担。另一方面,三维点云数据量庞大,处理过程需要专业的软件和技术人员,且处理流程较为复杂、耗时较长。对操作人员的技术要求较高,需要经过专门的培训才能熟练掌握数据处理方法。此外,在恶劣的天气条件下,如大雨、大雾、强风等,三维激光扫描的精度和效果可能会受到影响。同时,扫描现场的光照条件、障碍物等因素也会对扫描结果产生一定的干扰。

7.4.1 数据对比

以下是使用 Geomagic Studio 软件进行监测及数据对比分析的步骤。

(1)启动 Geomagic Studio 软件。

(2)在菜单栏中选择"文件",点击"导入",将预处理后的不同时期的建筑类文物点云数据文件导入软件,软件支持的常见点云数据格式包括 PTS、LAS 等。

(3)点云对齐:确定一个点云作为基准,通常是较早时期或相对稳定状态下的点云。

在"对齐"菜单中选择合适的对齐方法,如最佳拟合对齐、手动对齐。最佳拟合对齐是软件自动计算两个点云之间的最佳拟合关系,通过调整平移、旋转参数使两个点云尽可能重合。手动对齐是通过选择对应的特征点或平面,手动调整点云的位置和方向,逐步实现对齐。图 7-1 为对齐后模型示例。

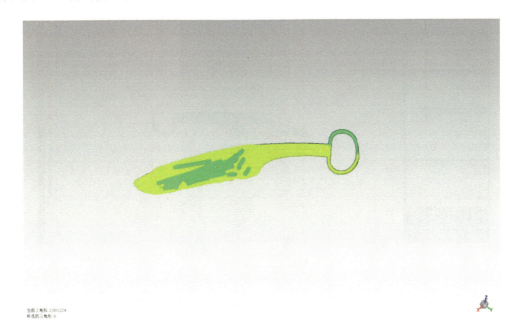

图 7-1　对齐后模型示例

(4)对比分析:在分析菜单(图7-2)中选择"偏差"功能。设置比较参数,如距离公差、颜色映射范围等,这些参数将决定差异显示的敏感度和范围。

图7-2 分析菜单

软件自动计算两个点云之间的差异,并以颜色映射的方式显示在点云上。一般来说,差异较小的区域显示为绿色,差异较大的区域显示为红色或蓝色(图7-3)。

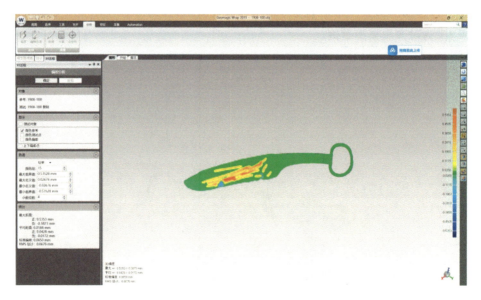

图7-3 差异显示

(5)结果评估。

仔细观察颜色映射后的点云,评估建筑类文物在不同时期的变化情况。分析颜色变化集中的区域,判断是否存在明显的变形、损坏或位移。可以使用软件提供的测量工具,测量差异较大区域的具体数值,如距离变化量等。

根据评估结果,判断建筑类文物的变化趋势和可能存在的风险,为文物保护决策提供依据。

(6)报告生成。

在"文件"菜单中选择"报告"功能,生成对比分析的报告。设置报告的格式和内容,包括点云对比的图像、数值分析结果、评估结论等。报告可以以多种格式输出,方便与相关人员分享和存档。

完成以上步骤后,可以使用 Geomagic Studio 软件对预处理后的建筑类文物点云进行有效对比,为文物的监测和保护提供科学、准确的信息。

7.4.2 图件分析

1. 正射影像设置与方向控制

以下是使用 SCENE 软件进行图件分析的步骤。

(1)在 SCENE 软件的菜单栏中选择"处理",点击"正射影像生成"。设置正射影像的参数,包括影像分辨率、输出格式等。可以根据实际需求和计算机性能进行调整。选择建筑对应方向的测站(可以作为方向依据的建筑墙面),使用新选择工具选择面,并对面进行方向选定。通过方向选择,选择需要输出的正射影像(图 7-4)。

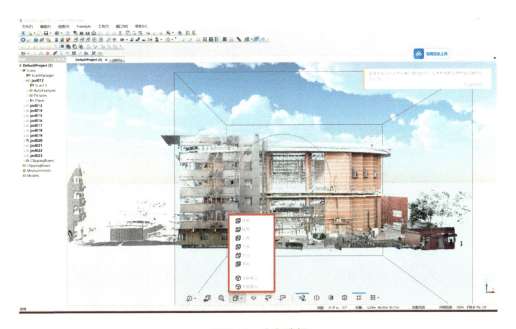

图 7-4 方向选择

(2)生成正射影像图:点击"确定",开始生成正射影像图。软件会根据点云数据和设置的方向生成建筑类文物的正射影像图。

(3)保存:在生成正射影像图后,选择"文件",点击"保存"或"另存为",将正射影像图保存为常见的图像格式,如 JPG、PNG 等。

2.图件绘制对比

1)图件绘制

使用 CAD 软件的绘图工具,如直线、圆弧、标注等,在正射影像图上进行建筑类文物的图件绘制。可以根据正射影像图中的特征,绘制文物的轮廓、结构线等。

2)对比分析

将绘制的 CAD 图件与正射影像图进行对比。检查 CAD 图件与实际文物在形状、尺寸、位置等方面的一致性。可以使用 CAD 软件的测量工具,测量图件中的距离、角度等参数,与正射影像图中的实际尺寸进行对比。

3)结果评估与调整

根据对比分析的结果,评估 CAD 图件的准确性。如果发现差异较大的地方,可以对 CAD 图件进行调整和修改。重复对比分析和调整过程,直到 CAD 图件与正射影像图基本一致,满足建筑类文物绘制和对比的要求。

完成以上步骤后,可以使用 SCENE 软件制作建筑类文物的点云正射影像图,并在生成过程中进行方向控制,然后导入 CAD 软件进行图件绘制对比,为建筑类文物的保护、研究和修复提供准确的图形资料。

第8章

建筑类文物数字化成果分析应用

8.1 地平分析

地平分析旨在通过对建筑类文物的数字化成果进行深入研究,了解建筑类文物地平的现状、特征和变化情况,为文物的保护、修复和管理提供科学依据。

1. 数据准备

地平分析数据准备主要包括建筑类文物的数字化点云数据或三维模型数据,以及相关的历史资料、图纸和文献。

2. 分析内容

1)地平形态分析

(1)利用数字化成果观察地平的形状、轮廓和布局。

(2)确定地平的面积、边界和几何特征。

(3)分析地平的平整度和坡度,评估其对文物结构和使用的影响。

2)地平材质分析

(1)识别地平的材质类型,如砖石、石板、泥土等。

(2)通过点云数据的颜色、反射率等信息,或结合实地观察,判断地平材质的特性和保存状况。

(3)分析不同材质地平的耐久性、抗腐蚀性和维护需求。

3)地平损坏分析

(1)检查地平是否存在裂缝、破损、凹陷等损坏情况。

(2)利用数字化成果的高精度测量功能,测量损坏的尺寸、深度和面积。分析损坏的原因,如自然老化、人为破坏、地质因素等。

(3)评估损坏对文物整体稳定性和安全性的影响。

4)地平历史变化分析

(1)对比不同时期的数字化成果和历史资料,研究地平的历史变化情况。

(2)确定地平是否经历过修缮、改造或破坏。

(3)分析历史变化对地平形态、材质和损坏情况的影响,为文物的保护和修复提供历史依据。

3. 软件操作

1)Geomagic Studio 软件

以下为使用 Geomagic Studio 软件进行地平分析的操作流程。

(1)数据导入:启动软件后,选择"文件",点击"导入",将建筑类文物的点云数据导入软件。

(2)地平形态分析:在软件中可以通过旋转、缩放和平移操作观察地平的形状和轮廓。使用测量工具可以测量地平的面积、边界长度等几何特征,还可以通过分析点云的高程数据来评估地平的平整度和坡度。

(3)地平材质分析:观察点云的颜色和反射率信息,结合实地考察,判断地平的材质类型。软件中的材质编辑功能可以进一步辅助分析不同材质的特性。

(4)地平损坏分析:利用软件的检测工具,如偏差分析等,可以检测地平上的裂缝、破损等损坏情况。测量工具可以精确测量损坏的尺寸和面积。

(5)历史变化分析:如果有不同时期的点云数据,可以分别导入软件进行对比分析。通过对齐不同时期的点云,观察地平的变化情况。

Geomagic Studio 软件地平分析界面如图 8-1 所示。

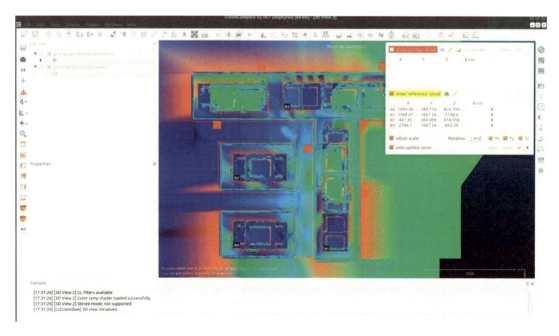

图 8-1 地平分析界面

2）CloudCompare 软件

以下为使用 CloudCompare 软件进行地平分析的操作流程。

（1）数据导入：打开软件后，选择"文件"，点击"打开"，导入点云数据。

（2）地平形态分析：在软件界面中可以通过鼠标操作观察地平的形状和布局。使用测量工具可以测量地平的相关几何参数。通过点云的颜色映射可以直观地显示地平的高程变化，从而分析平整度和坡度。

（3）地平材质分析：观察点云的颜色和属性信息，判断地平材质。软件中的属性编辑功能可以帮助进一步分析材质特性。

（4）地平损坏分析：利用软件的滤波功能可以突出显示损坏区域。通过测量工具可以测量损坏的尺寸和深度。

（5）历史变化分析：导入不同时期的点云数据后，可以使用软件的配准功能将点云对齐，然后进行对比分析地平的历史变化。

4. 分析结果呈现

1）分析报告

根据分析结果撰写详细的地平分析报告。分析报告应包括分析目的、数据来源、分析方法、结果描述和结论建议等内容。报告应采用清晰、准确的语言和图表，便于理解和使用。

2）可视化展示

利用三维模型、图像和图表等形式，将地平分析结果进行可视化展示，直观地呈现地平的形态、材质、损坏情况和历史变化。

8.2 倾斜分析

倾斜分析旨在通过对建筑类文物的数字化成果进行深入研究，确定建筑类文物的倾斜程度、方向和变化情况，为文物的稳定性评估、保护和修复提供科学依据。

1. 数据准备

倾斜分析数据准备主要包括建筑类文物的数字化点云数据或三维模型数据，以及相关的历史资料、图纸和文献。

2. 分析内容

1）倾斜角度测量

（1）利用数字化成果确定建筑类文物的主要轴线或特征线。

（2）通过测量这些轴线与水平方向或垂直方向的夹角，计算建筑类文物的倾斜角度。

（3）分析不同部位的倾斜角度差异，确定建筑类文物是否存在不均匀倾斜。

2)倾斜方向确定

(1)根据倾斜角度的测量结果,确定建筑类文物的倾斜方向。

(2)可以通过绘制倾斜向量或使用指南针方向来表示倾斜方向。

(3)分析倾斜建筑类方向与文物结构、地质条件和周边环境的关系,判断倾斜的可能原因。

3)倾斜变化监测

(1)如果有不同时期的数字化成果,可以对比分析文物的倾斜变化情况。

(2)确定倾斜角度和方向是否随时间发生变化。

(3)分析倾斜变化的速率和趋势,评估文物的稳定性和潜在风险。

4)倾斜原因分析

结合文物的历史资料、地质勘察报告和周边环境因素,分析文物倾斜的可能原因,包括基础沉降、结构变形、地震影响、人为破坏等。评估不同原因对文物倾斜的贡献程度,为制定保护和修复措施提供依据。

3. 软件操作

以下为使用3DReshaper软件进行倾斜分析的操作流程。

(1)数据导入:启动软件后,选择"文件",点击"导入",将建筑类文物的点云数据或三维模型导入软件。

(2)倾斜角度测量:在软件中选择合适的测量工具,如角度测量工具。确定文物的主要轴线或特征线,然后测量这些轴线与水平方向或垂直方向的夹角,得到倾斜角度。

(3)倾斜方向确定:根据测量得到的倾斜角度,使用软件中的向量绘制工具或坐标系来确定倾斜方向,可以在三维视图中直观地观察倾斜方向。

(4)倾斜变化监测:如果有不同时期的数据,可以分别导入软件,使用软件的对齐功能将不同时期的模型对齐,然后对比分析倾斜角度和方向的变化。

(5)倾斜原因分析:结合软件中的测量结果和其他相关资料,分析文物倾斜的可能原因,可以使用软件的标注功能在模型上标记可能的原因区域。

3DReshaper软件数据对比界面如图8-2所示。

4. 分析结果呈现

根据分析结果撰写详细的倾斜分析报告。分析报告应包括分析目的、数据来源、分析方法、结果描述和结论建议等内容。

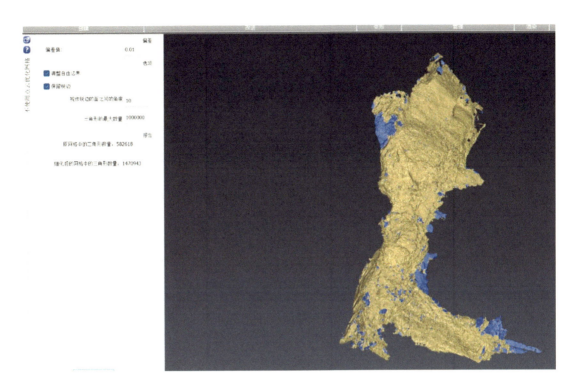

图 8-2 数据对比界面

8.3 承重分析

承重分析旨在通过对建筑类文物的数字化成果进行深入研究,评估建筑类文物的承重结构性能、确定潜在的承重风险,并为文物的保护、修复和合理利用提供科学依据。

1. 数据准备

承重分析数据准备主要包括建筑类文物的数字化点云数据或三维模型数据,以及相关的历史建筑资料、工程图纸(若有)、材料性能参数等。可能的话,收集周边地质环境数据,以考虑地质条件对承重的影响。

2. 分析内容

1)承重结构识别

(1)利用数字化成果准确识别建筑类文物的承重结构,如柱子、梁、拱等。

(2)确定其位置、尺寸和连接方式。

(3)分析不同承重结构在建筑类文物整体结构中的作用和重要性。

2)材料性能评估

(1)根据历史资料和现场观察确定承重结构的材料类型,如石材、木材、砖等。

(2)结合材料性能参数和数字化测量结果,评估材料的强度、刚度和耐久性等性能。

(3)分析材料的老化、损坏对承重能力的影响。

3)荷载分析

(1)考虑建筑类文物自身的重量以及可能承受的活荷载,如人员、设备等。

(2)通过数字化测量和估算确定各种荷载的大小和分布情况。

(3)分析极端荷载情况,如地震、风灾等对承重结构的影响。

4)承重性能评估

(1)基于承重结构的识别、材料性能评估和荷载分析结果,采用适当的力学分析方法,评估文物的承重性能。

(2)确定关键承重部位的应力、应变分布情况,判断是否存在过载、变形等风险。

5)风险评估与预警

(1)根据承重性能评估结果,识别潜在的承重风险区域。

(2)评估风险的严重程度和发展趋势。

(3)建立风险预警机制,当承重风险超过一定阈值时,及时发出预警信号,以便采取相应的保护措施。

3. 软件操作

1)ANSYS 软件

以下为使用 ANSYS 软件进行承重分析的操作流程。

(1)数据导入:将建筑类文物的三维模型导入 ANSYS 软件,可以通过接口软件将点云数据转换为适合 ANSYS 软件的模型格式。

(2)材料定义:根据实际情况,在 ANSYS 软件中定义承重结构的材料性能参数,如弹性模量、泊松比、密度等。

(3)模型构建:对导入的模型进行简化和清理,去除不必要的细节,以提高分析效率。建立承重结构的有限元模型,划分网格。

(4)荷载施加:根据荷载分析结果,在模型上施加各种荷载,包括自重、活荷载、地震荷载等。

(5)分析求解:设置分析类型和求解参数,运行分析求解器。ANSYS 软件会计算出承重结构的应力、应变分布情况。

(6)结果查看与评估:查看分析结果,包括应力云图、变形图等,根据结果评估承重性能和风险情况。

ANSYS 软件中受力情况选择及参数设定界面如图 8-3 所示。

第8章 建筑类文物数字化成果分析应用

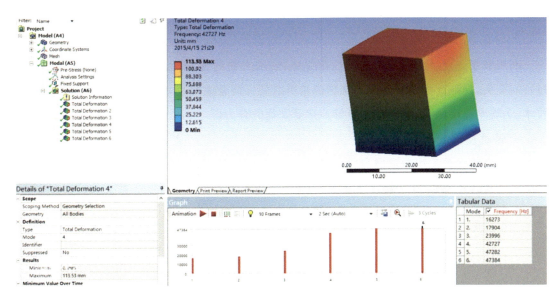

图 8-3 受力情况选择及参数设定

2) ABAQUS 软件

以下为使用 ABAQUS 软件进行承重分析的操作流程。

(1) 数据准备：与 ANSYS 软件类似，将建筑类文物的三维模型导入 ABAQUS 软件或进行模型构建。定义材料性能和荷载条件。

(2) 模型设置：在 ABAQUS 软件中设置分析步、接触关系、边界条件等。划分网格，确保网格质量满足分析要求。

(3) 分析计算：选择合适的分析类型，如静态分析、动态分析等，运行求解器。ABAQUS 软件会计算出承重结构的响应。

(4) 结果分析：查看结果文件，分析承重结构的应力、变形等情况。评估承重性能和风险。

4. 分析结果呈现

根据分析结果撰写详细的承重分析报告。分析报告应包括分析目的、数据来源、分析方法、结果描述、风险评估和结论建议等内容。

8.4 展示宣传

1. 价值挖掘

深入研究建筑类文物的历史、艺术、科学价值，从数字化成果中提取能够体现这些价值的特征和元素。分析文物在建筑风格、工艺技术、文化内涵等方面的独特之处，为展示宣传提供核心内容。

2. 特色展示

利用数字化成果的高精度和可视化优势,展示文物的细节、纹理、装饰等特色。可以通过特写镜头、局部放大等方式突出文物的精美之处。结合虚拟现实(VR)、增强现实(AR)等技术,为观众提供沉浸式的体验,更好地感受文物的魅力。

3. 保护成果展示

展示文物保护工作的进展和成果,包括修复前后的对比、监测数据的变化等。让观众了解文物保护的重要性和成效。介绍文物保护的技术和方法,提高公众对文物保护的科学认知。

4. 互动体验设计

设计互动环节,如文物知识问答、虚拟修复体验、三维模型旋转操作等,增加观众的参与感和趣味性。利用移动应用、在线平台等渠道,让观众可以随时随地浏览文物数字化成果,扩大展示宣传的覆盖面。

8.5 城市规划

1. 历史文化价值评估

利用建筑类文物数字化成果,深入分析其历史、艺术、科学价值。确定文物在城市历史文化发展中的地位和作用。评估文物对城市文化认同感和归属感的贡献,为城市规划中的文化保护策略提供依据。

2. 空间布局分析

将建筑类文物的数字化模型与城市地理信息系统相结合,分析文物在城市空间中的分布情况。

研究文物与周边建筑、交通、公共设施等的空间关系,评估其对城市空间布局的影响。确定文物保护范围和周边建设控制区域。

3. 景观规划

利用数字化成果展示建筑类文物的外观特色和景观价值。将文物作为城市景观的重要组成部分,纳入城市景观规划。

设计文物周边的景观环境,提升文物的可视性和可达性。通过景观规划,实现文物与城市自然景观和人工景观的和谐统一。

4. 旅游规划

分析建筑类文物的旅游潜力,制定旅游发展策略。结合数字化成果,开发旅游产品,如虚拟游览、文化体验活动等。

规划旅游线路,将文物与其他旅游景点连接起来,形成完整的旅游网络。提升城市旅游吸引力,促进经济发展。

5.可持续发展规划

考虑建筑类文物的保护需求,制定可持续发展规划。在城市规划中,平衡文物保护与城市建设的关系。

推广绿色建筑技术和可持续交通方式,减少对文物的影响。鼓励社区参与文物保护,实现城市的可持续发展。

第 9 章

建筑类文物其他数字化手段

9.1 高光谱技术

9.1.1 应用场景

1. 室内文物保护

室内文物主要包括博物馆、美术馆内的建筑类文物,如壁画、彩塑等,特别是在北京故宫的宫殿建筑结构及装饰部分的研究与保护中的应用。

2. 室外文物保护

室外文物主要包括大型的古建筑遗址、石窟寺、古桥梁等露天的建筑类文物,如四川乐山乐山大佛、甘肃敦煌莫高窟等。

9.1.2 应用内容

1. 颜料分析与识别

高光谱技术可以准确识别建筑类文物上使用的颜料种类,包括那些因年代久远而褪色、模糊不清的颜料。通过分析颜料的光谱特征,判断其化学成分,为建筑类文物修复提供科学依据,如在区分古代壁画中不同的矿物颜料中的应用。

2. 隐藏信息提取

高光谱技术能够发现建筑类文物中隐藏的文字、图案、修复痕迹等。例如,在古书画作品中,可提取出被掩盖的底稿、涂改或修复的部分,有助于研究建筑类文物的创作过程和历史变迁。

3. 材质鉴别与分析

高光谱技术可以分析建筑类文物的材质组成,如石材、木材、砖瓦等的成分和特性。这有助于了解建筑类文物的原始材料,以及检测材料的老化、腐蚀等状况,为保护和修复方案提供参考。

4. 病害检测与评估

高光谱技术能够检测建筑类文物的病害,如裂缝、空鼓、风化、渗水等。通过对不同病害的光谱特征分析,确定病害的类型、程度和分布范围,以便采取针对性的保护措施。

5. 环境监测与评估

高光谱技术用于监测建筑类文物周边的环境因素,如温度、湿度、光照、空气污染等。分析这些环境因素对建筑类文物的影响,为优化文物的保存环境提供数据支持。

6. 与测绘的结合

1)材质分布测绘

结合高光谱技术可以分析确定材质信息,可以在测绘图纸或三维模型上准确标注不同材质的分布区域。例如,对于古建筑,可以清晰地展示出石材、木材、砖瓦等不同材质在建筑结构中的位置,为后续的保护和修复工作提供具体的材质分布参考。

2)病害定位与测绘整合

将高光谱技术检测到的病害位置精确地与测绘成果相结合,在测绘模型上突出显示病害区域,如裂缝、风化部位等,使文物保护人员能够直观地了解病害的空间分布情况,从而制定更有针对性的保护方案。

3)获取历史信息与测绘融合

利用高光谱技术提取隐藏信息,如古建筑中的历史修复痕迹、早期图案等。在测绘成果中展示这些历史信息,为研究文物的历史变迁和文化价值提供更丰富的视角,同时也有助于在保护和修复过程中更好地保留文物的历史真实性。

4)环境监测与测绘关联

将通过高光谱技术监测到的环境因素数据与测绘成果相结合,分析环境因素对建筑类文物不同部位的影响,在测绘模型上标注出环境敏感区域,为制定合理的环境保护措施提供依据。例如,根据光照和湿度对建筑类文物的影响,在测绘图上确定需要重点防护的区域。

5)动态监测与测绘更新

通过高光谱技术的持续监测和测绘技术的定期更新,建立建筑类文物的动态监测档案。对比不同时期的高光谱数据和测绘成果,分析建筑类文物的变化趋势和保护措施的效果,为长期的文物保护工作提供科学依据。

9.2 红外热成像技术

9.2.1 应用场景

1. 古建筑监测

古建筑监测包括对宫殿、庙宇、城堡等大型建筑类文物的监测,例如对北京故宫、山西平遥古城等古建筑群的日常监测与保护。

2. 石窟与石刻保护

对于石窟寺、摩崖石刻等文物,利用红外热成像技术可有效检测其表面温度分布及潜在病害。

9.2.2 应用内容

1. 渗漏检测

红外热成像技术能够检测建筑类文物中因雨水渗透、地下水上升等原因导致的渗漏问题。通过红外热成像技术可以直观地显示出温度差异,从而确定渗漏的位置和范围。

2. 空鼓与剥离检测

红外热成像技术可以检测文物表面或内部的空鼓、剥离现象。由于空鼓或剥离区域与正常部位的热传导性能不同,在红外热成像图中会呈现出明显的温度差异,这样可以帮助文物保护人员准确找到问题区域。

3. 结构缺陷检测

对于建筑类文物的结构部分,如梁、柱、拱等,红外热成像技术可以检测出潜在的结构缺陷,如裂缝、疏松等。通过分析温度分布的异常情况,判断结构的稳定性和安全性。

4. 火灾隐患排查

红外热成像技术能够检测建筑类文物中潜在的火灾隐患,如电气线路过热、易燃物堆积等。及时发现并消除火灾隐患,确保建筑类文物的安全。

5. 环境影响评估

红外热成像技术能够分析建筑类文物周边环境对其温度分布的影响,如太阳辐射、风向、气温变化等。了解环境因素对建筑类文物的作用,为制定合理的保护措施提供依据。

6. 与测绘的结合

1)病害定位与测绘标注

利用红外热成像技术检测到的病害位置可以准确地标注在测绘图纸上,为文物保护人员提供直观的病害分布信息,便于制定针对性的保护和修复方案。

2)热分布与测绘融合

将利用红外热成像技术得到的文物表面温度分布数据与测绘结果相结合。在测绘模型上展示不同部位的温度情况,帮助分析建筑类文物的热传导特性和环境影响。例如,可以通过颜色编码在模型上显示温度梯度,直观地了解建筑类文物的热状态。

3)动态监测与测绘更新

利用红外热成像技术进行定期的建筑类文物监测,结合测绘技术对建筑类文物的变化进行跟踪和记录。随着时间的推移,不断更新测绘数据和热成像信息,建立建筑类文物的动态监测档案。例如,对比不同时期的热成像图和测绘模型,分析病害的发展趋势和保护措施的效果。

4)环境因素与测绘关联

分析红外热成像技术检测到的建筑类文物温度特征与周边环境因素之间的关系,并将其与测绘数据相结合。例如,研究太阳辐射角度、风向等环境因素对建筑类文物温度分布的影响,在测绘图纸上标注出环境敏感区域,为建筑类文物的环境保护提供依据。

5)保护方案评估与测绘模拟

在制定建筑类文物保护方案时,利用红外热成像技术的检测结果和测绘数据进行模拟分析。评估不同保护措施对建筑类文物温度分布和结构稳定性的影响,如隔热处理、通风改善等。通过测绘模型的可视化展示,可以更直观地看到保护方案的效果,为决策提供科学依据。

9.3 红外紫外照相技术

9.3.1 应用场景

1. 古建筑表面检测

红外紫外照相技术适用于古老的木质建筑、砖石建筑等建筑类文物表面监测,如对安徽徽州古民居、云南丽江古城等古建筑的表面检测。

2. 壁画与彩绘保护

红外紫外照相技术适用于带有壁画、彩绘的古建筑内部或石窟等场所,如甘肃敦煌莫高窟、山西运城永乐宫等。

9.3.2 应用内容

1. 表面缺陷检测

利用红外紫外相机技术可以检测建筑类文物表面的细微裂缝、剥落、起鼓等缺陷。不同的材料在红外和紫外波段的反射和吸收特性不同,通过对比正常区域和缺陷区域的图像,可以清晰地发现建筑类文物的表面问题,如在木质古建筑表面,能检测出早期的腐朽区域。

2. 颜料老化评估

对于壁画和彩绘,利用红外紫外相机技术可以评估颜料的老化程度。某些颜料在紫外光下会呈现出特定的荧光反应,通过分析荧光的强度和分布,可以判断颜料的稳定性和老化状态,为建筑类文物修复和保护提供依据。

3. 防潮防水检测

利用红外紫外相机技术可以检测建筑类文物的防潮和防水性能。在红外紫外图像中,水分的存在会表现出不同的特征,通过图像对比可以确定潜在的渗水区域和潮湿部位,以便采取相应的防潮措施。

4. 微生物和生物侵蚀检测

一些微生物和生物侵蚀在红外紫外波段会有特定的表现。通过红外紫外相机拍摄,可以发现建筑类文物上的微生物生长区域和生物侵蚀迹象,及时进行处理,防止对建筑类文物造成进一步破坏。

5. 与测绘的结合

1）病害定位与测绘标注

将红外紫外相机技术检测到的建筑类文物病害位置准确地标注在测绘图纸上。通过与测绘数据的结合,可以为文物保护人员提供更直观的病害分布信息,便于制定针对性的保护和修复方案。例如,在古建筑的平面图或三维模型上,标注出腐朽、潮湿区域等病害位置。

2）多光谱测绘融合

将红外紫外相机技术获取的图像与传统测绘仪器（如全站仪、三维激光扫描等）得到的数据进行融合。综合不同数据源的优势,生成更详细、准确的建筑类文物数字化模型。在模型中,可以同时展示建筑类文物的几何形状和红外紫外特征,为病害分析和保护提供更全面的信息。

3）动态监测与测绘更新

利用红外紫外相机技术进行定期的建筑类文物监测,结合测绘技术对文物的变化进行跟踪和记录。随着时间的推移,不断更新测绘数据和病害信息,建立建筑类文物的动态监测档案,有助于及时发现建筑类文物的新问题,并评估保护措施的效果。

4）环境因素与测绘关联

分析红外紫外相机技术检测到的建筑类文物特征与周边环境因素之间的关系,并将其与测绘数据相结合。例如,研究太阳辐射、风向、湿度等环境因素对建筑类文物温度分布和病害发展的影响,在测绘图纸上标注出环境敏感区域,为建筑类文物的环境保护提供依据。

9.4 材料成分分析技术

9.4.1 应用场景

1. 古建筑结构分析

材料成分分析技术适用于各种建筑的结构分析,如对宫殿、庙宇、民居等古建筑的结构分析。

2. 石窟与石刻保护

材料成分分析技术可用于石窟、石刻等建筑类文物的保护,如山西大同云冈石窟、河南洛阳龙门石窟等。

3. 古遗址研究

材料成分分析技术可用于古城墙遗址、古墓葬等建筑类文物遗址的保护。

9.4.2 应用内容

1. 确定材料种类

通过材料成分分析,可以准确了解建筑类文物所使用的材料种类,有助于了解建筑类文物的原始材料特性和制作工艺。例如区分石材是花岗岩、大理石还是石灰岩;判断木材的树种;确定砖瓦的成分。

2. 评估材料老化程度

分析材料在长期自然环境和人为因素影响下的老化情况,检测材料中的化学成分变化、物理性能衰退等,如石材的风化、木材的腐朽、砖瓦的酥碱等。

3. 识别修复材料

对于经过修复的建筑类文物,材料成分分析技术可以帮助识别修复时所使用的材料,判断修复材料与原材料的兼容性,评估修复效果,避免因使用不恰当的修复材料对文物造成二次损害。

4. 研究制作工艺

通过分析材料成分,可以推断建筑类文物的制作工艺。例如古代砖瓦的烧制工艺、石材的雕刻技法、木材的加工方式等。

5. 检测有害物质

检测建筑类文物中是否存在有害物质,如重金属、化学污染物等。及时发现潜在的危害,采取相应的保护措施,防止有害物质对建筑类文物和环境造成破坏。

6. 与测绘的结合

1）材料分布测绘

结合测绘技术，准确绘制建筑类文物中不同材料的分布情况。在测绘图纸或三维模型上标注出石材、木材、砖瓦等不同材料的位置，为后续的保护和修复工作提供直观的材料信息。例如，在古建筑的平面图上，用不同颜色或符号表示不同材料的区域。

2）材料老化与测绘关联

将利用材料成分分析技术得到的老化程度数据与测绘结果相结合。在测绘模型上展示不同部位的材料老化情况，帮助文物保护人员确定重点保护区域。例如，对于老化严重的石材区域，可以在测绘模型上用红色标注，提醒进行针对性的保护措施。

3）修复材料选择与测绘规划

根据材料成分分析技术结果，选择合适的修复材料，并结合测绘数据进行修复规划。确保修复材料与原材料在成分和性能上尽可能接近，同时通过测绘确定修复的位置和范围，提高修复的准确性和效果。

4）环境影响与材料测绘分析

分析建筑类文物所处环境对材料的影响，并结合测绘数据进行综合评估。例如，研究湿度、温度、污染物等环境因素与不同材料的相互作用，在测绘图纸上标注出环境敏感区域和易受影响的材料部位，为制定环境保护措施提供依据。

5）数字化档案与测绘融合

将材料成分分析技术结果与测绘数据整合到建筑类文物的数字化档案中。建立包含材料信息、几何形状、空间位置等多维度数据的档案系统，为建筑类文物的长期保护、研究和管理提供全面的支持。利用数字化档案可以随时查询和分析文物的材料成分与测绘信息，实现对建筑类文物的动态监测和管理。

9.5 测绘技术在建筑类文物保护中的作用

9.5.1 作为数据基底

测绘技术在建筑类文物保护中构建起坚实的数据基底。通过精确的空间坐标系，记录文物的位置、形状、大小和空间布局，为建筑类文物建立起数字化的三维呈现，方便从不同角度进行观察分析，为保护方案提供直观参考。同时，利用测绘技术获取的高精度几何模型，能捕捉建筑类文物的细微纹理和特征，为数字化存档、虚拟展示和修复设计提供依据。此外，结合其他技术，标注建筑类文物的材质信息和病害分布，为确定重点保护区域和制定针对性修复措施提供全面信息。

9.5.2 提供技术服务

测绘技术为文物保护提供多方面的技术服务。在保护规划制定中,通过对建筑类文物周边环境的测绘,分析空间关系,确定保护范围和建设控制区域,评估不同规划方案的影响。在监测方面,定期测绘可监测建筑类文物变化动态,结合实时监测技术实现动态预警。在研究领域,测绘数据为建筑类文物的历史、艺术、科学研究提供丰富资料,促进跨学科研究。在公众教育与展示上,测绘成果可通过虚拟现实等技术进行生动展示,提高公众对文化遗产的认知和保护意识,在博物馆等场所也可作为重要展示内容。总之,测绘技术在建筑类文物保护中发挥着不可或缺的重要作用。

参考文献

[1] 刘敦桢. 中国古代建筑史[M]. 北京:中国建筑工业出版社,1980.

[2] 李广云,李宗春. 经纬仪工业测量系统用于大型多波束天线的安装与调整[J]. 测绘通报,2000(10):41-42.

[3] 国家一、二等水准测量规范:GB/T 12897-2006[S]. 北京:中华人民共和国国家质量监督检验检疫总局,2006.

[4] 郑阔,李长青,崔有祯,等. 激光跟踪仪在高支模支护体系变形监测中的应用[J]. 测绘通报,2006(11):99-102.

[5] 王保丰,李广云,李宗春,等. 高精度数字摄影测量技术在50 m大型天线中的应用[J]. 测绘工程,2007,16(1):42-46.

[6] 董秀军. 三维激光扫描技术获取高精度DTM的应用研究[J]. 工程地质学报,2007,15(3):428-432.

[7] 戴静兰,陈志杨,叶修梓. ICP算法在点云配准中的应用[J]. 中国图象图形学报,2007,12(3):517-521.

[8] 李德仁,郭晟,胡庆武. 基于3S集成技术的LD2000系列移动道路测量系统及其应用[J]. 测绘学报,2008,37(3):272-276.

[9] 曹力. 多重三维激光扫描技术在山海关长城测绘中的应用[J]. 测绘通报,2008(3):31-33.

[10] 高速铁路工程测量规范:TB 10601—2009[S]. 北京:中华人民共和国铁道部,2009.

[11] 蔡广杰. 三维激光扫描技术在西藏壁画保护中的应用[D]. 北京:首都师范大学,2009.

[12] 章传银,郭春喜,陈俊勇,等. EGM 2008地球重力场模型在中国大陆适用性分析[J]. 测绘学报,2009,38(4):283-289.

[13] 刘叙杰. 中国古代建筑史 第1卷:原始社会、夏、商、周、秦、汉建筑[M]. 2版. 北京:中国建筑工业出版社,2009.

[14] 傅熹年. 中国古代建筑史 第2卷:三国、两晋、南北朝、隋唐、五代建筑[M]. 2版. 北京:中国建筑工业出版社,2009.

[15] 郭黛姮. 中国古代建筑史 第3卷:宋、辽、金、西夏建筑[M]. 2版. 北京:中国建筑工业出

版社,2009.

[16] 潘谷西.中国古代建筑史 第4卷:元、明建筑[M].2版.北京:中国建筑工业出版社,2009.

[17] 孙大章.中国古代建筑史 第5卷:清代建筑[M].2版.北京:中国建筑工业出版社,2009.

[18] 李海泉,杨晓锋,赵彦刚.地面三维激光扫描测量精度的影响因素和控制方法[J].测绘标准化,2011,27(1):29-31.

[19] 刘丽惠,薛勇,蒋涛,等.逆向工程在"一滴血"纪念碑重建中的应用[J].测绘通报,2011(6):86-89.

[20] 戴彬,钟若飞,胡竞.基于车载激光扫描数据的城市地物三维重建研究[J].首都师范大学学报(自然科学版),2011,32(3):89-96.

[21] 李佳龙,郑德华,何丽,等.目标颜色和入射角对Trimble GX扫描点云精度的影响[J].测绘工程,2012,21(5):75-79.

[22] 白成军,吴葱.文物建筑测绘中三维激光扫描技术的核心问题研究[J].测绘通报,2012,2(1):36-38.

[23] 刘辉,王伯雄,任怀艺,等.ICP算法在双目结构光系统点云匹配中的应用[J].清华大学学报(自然科学版),2012,52(7):946-950.

[24] 杨新志.电子水准仪在特殊地段的一、二等水准测量技术探讨[J].中小企业管理与科技(上旬刊),2013(11):90-91.

[25] 梁振华,王晨,谢宏全.基于徕卡C10获取校园三维点云数据设计[J].测绘工程,2013,22(1):47-50.

[26] 倪绍起,张杰,马毅,等.基于机载LiDAR与潮汐推算的海岸带自然岸线遥感提取方法研究[J].海洋学研究,2013,31(3):55-61.

[27] 戚万权.徕卡ScanStation C10导线测量方法在大型扫描项目中的应用[J].测绘通报,2013(6):115-116.

[28] 徐建新,张光伟,羌鑫林,等.激光测量采集车在城市部件调查中的应用[J].测绘与空间地理信息,2013,36(S1):237-239.

[29] 陶于金,李沛峰.无人机系统发展与关键技术综述[J].航空制造技术,2014,(20):34-39.

[30] 李德仁,李明.无人机遥感系统的研究进展与应用前景[J].武汉大学学报(信息科学版),2014,39(5):505-513.

[31] 曹先革,张随甲,司海燕,等.地面三维激光扫描点云数据精度影响因素及控制措施[J].测绘工程,2014,23(12):5-7.

[32] 吴美萍.中国建筑遗产的预防性保护研究[M].南京:东南大学出版社,2014.

[33] 李敏.三维激光扫描技术在古建筑测绘中的应用[J].北京测绘,2014(1):111-114.

[34] 吴晓章,谢宏全,谷风云,等.利用激光点云数据进行大比例尺地形图测绘的方法[J].测绘通报,2015(8):90-92.

[35] 樊琦,姚顽强,陈鹏.基于Cyclone的三维建模研究[J].测绘通报,2015(5):76-79.

[36] 潘谷西.中国建筑史[M].7版.北京:中国建筑工业出版社,2015.

[37] 邱中军,羊远新,吴琼.基于EGM2008重力场模型的松原灌区大地水准面精化[J].测绘与空间地理信息,2015,38(4):213-216.

[38] 邓伟,李鸿,王少文.DINI03原始数据生成水准测量记录簿的实现方法[J].矿山测量,2015(4):24-26.

[39] 丁辰,张建军,郑培智,等.FAST高精度基准控制网测量方案优化[J].测绘工程,2016,25(7):62-65.

[40] 朱光亚.建筑遗产保护学[M].南京:东南大学出版社,2016.

[41] 中国地质科学院地质研究所.中国地质图[M].北京:地质出版社,2016.

[42] 秦海明,王成,习晓环,等.机载激光雷达测深技术与应用研究进展[J].遥感技术与应用,2016,31(4):617-624.

[43] 李晓双,宋彬,郑丹.基于Geomagic的复杂实体三维点云建模研究[J].测绘与空间地理信息,2017,40(6):130-132.

[44] 李广云,范百兴.精密工程测量技术及其发展[J].测绘学报,2017,46(10):1742-1751.

[45] 程晗,裴良臣.DINI和DNA水准仪数据转换及平差程序设计[J].绿色科技,2017(12):246-248.

[46] 北京国文琰信息技术有限公司,蓬溪县文物局.宝梵寺壁画数字化勘察测绘报告[M].北京:文物出版社,2018.

[47] 袁国平.三维激光扫描技术在文物保护中的应用[J].矿山测量,2018,46(5):93-97.

[48] 胡岷山.三维激光扫描技术在古建测绘中的应用:以教学实验课程为例[J].建筑学报,2018(S1):126-128.

[49] 李方.基于AT960激光跟踪仪的工业测量关键技术与系统开发研究[D].武汉:武汉大学,2018.

[50] 贾雪,刘超,徐炜,等.海量点云数据的建筑物三维模型重建[J].测绘科学,2019,44(4):124-129.

[51] 马颖.大坝变形监测系统的设计分析与关键技术的研究[J].科学技术创新,2019(23):31-32.

[52] 李鹏,余锐,秦亮军.基于测量机器人的精密三角高程进行二等跨河水准测量的研究与应用[J].工程建设与设计,2019(22):278-280.

[53] 袁志聪.基于Harris特征的点云配准方法研究[D].南昌:东华理工大学,2019.

[54] 郑阔,崔有祯.精密工程测量[M].北京:测绘出版社,2021.

[55] 孟凡超,董帅.倾斜摄影测量与地面激光扫描技术的三维建模研究与应用[J].黑龙江科学,2022,13(24):94-97.

[56] 胡国军.地面三维激光扫描技术在历史建筑测绘工作中的应用[J].测绘与空间地理信息,2022,45(12):188-190.

[57] 黄金中.基于地面激光扫描技术的采动区建筑物变形监测方法研究[D].淮南:安徽理工大学,2022.

[58] 宋宜宁.三维激光扫描技术在建筑施工阶段的应用成熟度研究[D].徐州:中国矿业大学,2022.

[59] 李卓.地面三维激光扫描技术在市政工程测量中的应用分析[N].科学导报,2022-10-11(B02).

[60] 周志桦.地面三维激光扫描技术在某变电站现状调查应用[J].福建建设科技,2022,(5):62-65.

[61] 南竣祥,田文涛,王爽,等.地面三维激光扫描技术在沿黄公路边坡地质灾害监测中的应用[J].测绘标准化,2022,38(3):90-93.

[62] 廖丽霞,周建达,刘子巍,等.地面三维激光扫描技术在不动产测绘中的应用[J].工程勘察,2023,51(10):40-45.

[63] 赵玉霞,王宗年,周美川.三维激光扫描技术在建筑物表面平整度检验中的应用[J].施工技术(中英文),2023,52(17):89-92.

[64] 李捷斌,王宁,赵春晨.三维激光扫描仪在建筑物精细重建中的应用[J].测绘通报,2023,(8):126-129.

[65] 刘松岩,南竣祥,李季真,等.地面三维激光扫描技术与轻型无人机航摄在古塔修缮中的应用[J].测绘标准化,2023,39(2):98-101.

[66] 武世虎.地面三维激光扫描技术在矿山岩移观测中的应用:以同煤集团某矿8103工作面为例[J].华北自然资源,2023(3):88-90.

[67] 崔冬香.三维激光扫描技术在建筑物改造竣工验收中的应用研究[J].经纬天地,2023(2):72-75.

[68] 刘家全.基于三维激光扫描的石窟寺病害建模及可视化研究[D].上海:上海师范大学,2023.

[69] 张丽霞,郦琛依,阮成成,等.三维激光扫描技术在建筑物立面图测绘中的应用研究[J].城市勘测,2023(1):144-147.

[70] 曾涛.地面三维激光扫描技术在宽浅河道整治工程测量中的应用[J].水电站机电技术,

2023,46(1):103-106.

[71] 邹贤才,李建成.最小二乘配置方法确定局部大地水准面的研究[J].武汉大学学报(信息科学版),2024(3):218-222.

[72] 袁媛.地面三维激光扫描技术在工程测量中的应用[J].电子技术,2024,53(6):224-225.

[73] 张智华,李军伟,段德声.地面三维激光扫描技术在老旧小区改造中的应用[J].江西测绘,2024(1):16-19.

[74] 栗红宇,吕金辉,李策.三维激光扫描技术结合 3DS MAX 在建筑物逆向建模中的应用[J].现代矿业,2024,40(2):72-75.